東アジアのケーブルテレビ

政府企業間関係から見る社会的役割の構築過程

Cable Television in East Asia

米谷南海 著
Yonetani Nami

中央経済社

はじめに

ケーブルテレビは地域メディアなのか――。この素朴な疑問が本書の出発点である。日本のケーブルテレビ産業を念頭に置いた場合，この問いは愚問として扱われるかもしれない。というのも，日本においては，ケーブルテレビが地域メディアの代表格として広く認識されているからだ。

今や多チャンネルサービスや通信サービスといった多様なサービスを提供するケーブルテレビ事業者であるが，コミュニティチャンネルに代表される地域密着型サービスは常にその根幹事業として位置づけられてきた。ケーブルテレビ事業者が地域情報の提供や地域イベント開催によって地域社会の発展に貢献している事例は日本各地で確認することができる。また，ケーブルテレビを地域メディアとして見なすまなざしは学術界においても確立されており，人文・社会科学分野におけるケーブルテレビ研究の主題の大部分はケーブルテレビ事業の地域性に関するものである。

しかし，世界に目を向けてみると，今なお地域メディアとして機能している日本のケーブルテレビがむしろ例外的な存在であることに気が付く。

1940年代後半以降，多くの国や地域でケーブルテレビは地上波テレビ信号を受信できない地域における難視聴対策として誕生した。ケーブルテレビ事業が地域独占的事業として認められ，サービス提供エリアが地域単位で細分化されたことも手伝い，この頃のケーブルテレビには地域メディアとしての社会的役割が暗黙のうちに課されていたが，規制緩和や「通信と放送の融合」に代表される事業環境の変化に伴い，1990年代半ば以降のケーブルテレビ事業者はサービスの高度化に対応するとともに，有料放送市場の伸び悩み等，構造的な課題にも向き合わなければならなくなった。その結果，世界のケーブルテレビ事業者の多くが収益性の高い通信サービスの展開やケーブルテレビ総括運営会社（Multiple System Operator：MSO）の形成に解決策を求め，それに伴って地域向けサービスから全国向けサービスへと舵を切り，事業の地域性を失っていったのである。

このように日本と世界のケーブルテレビを対比した際に頭を過（よぎ）ったのが，ケーブルテレビは地域メディアであるという認識は日本国内でのみ通用する常識なのではないかという考えであり，冒頭の「ケーブルテレビは地域メディアなのか」という疑問である。これをもう少し具体的な問いに置き換えると，「なぜ日本のケーブルテレビは地域メディアであり続けることができたのか」，「ケーブルテレビ事業者の社会的役割はどのようなプロセスで決定，あるいは変容するのか」，「ケーブルテレビ事業者の社会的役割の決定や変容にはどのような要因が影響するのか」ということになる。

本書では，日本，韓国，台湾におけるケーブルテレビ事業の歴史を通時的および共時的に比較分析することによってこれらの問いに答えることを試みた。日本，韓国，台湾のケーブルテレビは地域メディアとして誕生し，その後同様の技術的発展を遂げたにもかかわらず，それぞれに異なる社会的役割を担うに至っており，ケーブルテレビ事業者の社会的役割の構築過程と影響要因を明らかにする上で興味深い比較分析対象となっている。

比較にあたっては，政府企業間関係論を分析枠組みとして採用した。20世紀に入り，社会科学の分野では，社会を１つの大きなシステムとして捉えると同時に，社会を構成するさまざまなステークホルダーもそれぞれに別個のシステムとして捉える新しい考え方が生まれた。政府企業間関係論は，ステークホルダーのうち特に政府と企業に焦点を当て，両者がどのような相互関係を築き，また社会全体に対してどのような影響を与えているのかに注目するアプローチ方法である。

ケーブルテレビ産業はその事業内容の公益性の高さや経済学的特質を根拠に特別な政策を必要としてきた経緯があり，一般的な産業と比べると政府とより強い関わりを有してきた。それゆえ，ケーブルテレビ事業者の社会的役割を論じる際に政府という主体を無視することはできず，政府企業間関係論を本研究に応用する理由もこの点にある。

なお，ケーブルテレビ事業者の政府企業間関係について論じる先行研究は一定数存在するが，その多くは地方公共団体レベルの現状把握や官民連携事業の最新事例を紹介するような内容にとどまっている。それに対し，本書では，日本，韓国，台湾におけるケーブルテレビ事業者と政府（中央政府・地方政府）の関係史を紐解きながら，その関わりのなかでケーブルテレビ事業者の社会的役割がどのように生成・発展・変容・消滅・転換してきたのかを描き，ケーブルテレビ事業者と政府の関係性の全体像を通時的・共時的に把握することにも挑戦している。

本書は全7章で構成される。**第1章**では，地域メディア論におけるケーブルテレビの論じられ方やケーブルテレビ研究の主題の変遷に焦点を当てながら既存研究の系譜や課題を整理し，その中での本書の位置づけを明らかにした。**第2章**では，「企業の社会的役割」や「政府企業間関係」といった本書の中心的概念を整理した後，分析対象の選定理由や，比較歴史分析（comparative historical analysis）および批判的言説分析（critical discourse analysis）といった具体的な分析手法など，本書で採用した研究方法について説明した。**第3章**では，ケーブルテレビ事業の経済的特性に注目し，ケーブルテレビ事業に課される政府規制の特質について述べた。**第4章，第5章，第6章**では，日本，韓国，台湾におけるケーブルテレビ事業の歴史的変遷を政府企業間関係論的視座から分析し，ケーブルテレビ事業者の社会的役割がどのように変化してきたのかを考察した。**第7章**では，第4章，第5章，第6章の議論をもとにケーブルテレビ事業者の社会的役割の構築過程と影響要因についてまとめた上で，ケーブルテレビ事業の今後の可能性と限界について考察を加えた。最後に，本書が積み残した研究課題についても整理した。

「ケーブルテレビは地域メディアなのか」というこれまでのケーブルテレビ研究の前提を疑うような問いに答えること，またそのために日本，韓国，台湾におけるケーブルテレビ史を政府企業間関係論的視座から詳細に叙述することは，私にとって大きな挑戦であった。本書は2017年に慶應義塾大学大学院政策・メディア研究科に提出した博士学位論文を修正・加筆し書籍としてまとめたものであるが，当然ながら，完成に至るまで幾度となく壁にぶつかった。壁の周りをうろうろしながらあの手この手を考え，ようやく壁を１つ乗り越えたと思えば，また新たな壁に立ち塞がれるという繰り返しで，研究と執筆に費やした５年間は果てしなく長かったようにも一瞬だったようにも感じられる。とはいえ，自分の中から湧き出た疑問に真正面から向き合うという濃密で貴重な時間を過ごすことができたのだから，私が幸運だったことは間違いない。

このような恵まれた環境で研究活動や執筆活動に没頭できたのは，多くの方々のご指導とお力添えがあったからに他ならない。慶應義塾大学の菅谷実名誉教授には本研究について的確かつ温かいご指導を終始いただいただけでなく，国内外における調査や研究発表といったさまざまな機会を与えていただいた。私の研究の基礎を築いてくださった方である。また，新保史生教授は私が投げかける大小さまざまな質問や相談に対して，時間を割いて１つひとつ丁寧に応えてくださり，辛抱強く導いてくださった。先生が主催してくださった博士学生向け月例研究指導会がなければ，私の研究は右往左往するばかりだったはずだ。両先生は私の研究者としてのお手本だと思っている。副査を務めていただいた先生方にも大変お世話になった。小澤太郎教授には本研究の重要な部分を占める政府企業間関係の規定要因について経済学的な側面から貴重なコメントをいただいた。飯盛義徳教授には経営学的および地域情報化論の側面からアドバイスを賜わっただけでなく，博士論文としての体裁についてまで細やかにご指導をいただいた。研究発表の機会を何度もいただいた慶應義塾大学湘南藤沢キャンパスの「インターネットとマスメディア」プロジェクトでも，李洪千専任講師（現東京都市大学准教授），高田義久准教授（現金融庁監督局郵便保険監督参事官），佐伯千種准教授（現総務省国際戦略局付），井上淳准教授等，多くの先生に見守っていただき，研究内容から発表の仕方，発表資料の作成方法に至るまで手厚くご指導いただいた。この場を借りて，心からの御礼を申し上げる。

本書はまた，業界関係者や有識者の方々のご協力と数多くのご助言なしには完成しえなかった。日本ではZTV，ケーブルテレビ富山，三重県庁，富山県庁，韓国ではCJハロービジョン，D'LIVE，韓国ケーブルテレビ協会，大韓民国放送通信委員会常任委員の金忠植博士（現嘉泉大学校副総長），世宗大学のShon, Seung-Hye教授，台湾では凱擘大寛頻，大豐有線電視，台灣有線寬頻產業協會（台湾ケーブルブロードバンド協会），國家通訊傳播委員會（国家通信放送委員会），国立政治大学の劉幼琍教授がインタビュー調査を快諾してくださり，文献調査だけでは得られない貴重な情報やご意見を賜った。海外調査時に丁寧な通訳をしてくださったのは慶應義塾大学SFC研究所上席所員の金美林博士，白鷗大学総合研究所研究員の鄭安君氏，千葉商科大学兼任教員の李妊姫氏である。インタビュー調査を通して受けた刺激が研究を進める動機になったことは間違いなく，ここに記して関係者の皆様に謝意を表したい。もし本書に誤りがあるとすれば，その責任は私個人に帰することはいうまでもない。

本研究の前半を行った慶應義塾大学大学院政策・メディア研究科では，幸運なことに素晴らしい諸先輩や同期，後輩の研究仲間に恵まれ，多くの刺激と支えを受けた。とても全員の名前を挙げることはできないが，特に，博士研究のイロハを教えてくださり困ったときにはいつも優しく相談に乗ってくださった神野新博士（現情報通信総合研究所主席研究員），ともに頭を捻って課題に取り組んだ仲間であり私の中国語の先生でもある王如君さん，叱咤激励しながら明るく支えてくれた樓凱婷さんには大変お世話になった。皆さんがいたからこそ，楽しいときはより楽しく，辛いときには踏ん張ることができた。

本研究の後半戦は一般財団法人マルチメディア振興センターに勤めながら進めた。坪内和人前理事長，井筒郁夫前専務理事を含め，マルチメディア振興センターの皆様には研究環境の支援だけでなく幾度となく励ましの言葉もいただいた。深く感謝申し上げる。

本書の刊行にあたっては公益財団法人KDDI財団から「著書出版助成」の交付を受けた。また，初めての出版で右も左もわからない私を丁寧に導いてくださった中央経済社の納見伸之氏にも一方ならぬお世話になった。学位論文を書籍として世に送り出すという貴重な機会を与えてくださったKDDI財団と納見氏に重ねて御礼を申し上げたい。

本書の刊行は，ここに記しきれない多くの方々のご支援によって実現したものである。すべての方々に改めて感謝を表したい。

最後に，研究の道に進む私の背中を押し，温かな理解と愛情で見守り続けてくれた両親に心からありがとうと伝えたい。研究者としてのスタートラインに立った今，思い出されるのは「学問は人生をより豊かでカラフルなものにするチャンスをくれる」という父の言葉と，「学びは学校だけで培うものではない」という母の言葉である。両親とともに，本研究の完成を喜んでくれているであろう天国の祖父母にも本書を捧げる。

2019年１月

米谷　南海

目　次

図表目次

第1章

ケーブルテレビ産業の新たな研究視角

1　地域メディア論におけるケーブルテレビ

日本における地域メディア論はマス・メディアやマス・コミュニケーションに対する批判を出発点として1980年代に誕生した学問領域であり，田村紀雄の名がその先駆的研究者として挙げられる。田村の代表的著書である『地域メディア：ニューメディアのインパクト』［1983］，『新版・地域メディア』［1989］，『現代地域メディア論』［2007］は今日まで続く日本の地域メディア研究の礎となっており，近年ではメディア社会学者である加藤晴明がそれらの著書をもとに地域メディア論の整理を試みている。

それでは，地域メディア[1]の代表格ともいえるケーブルテレビ[2]は，同学問領域の中でどのように論じられてきたのだろうか。先駆的研究者らの助けを借りながら地域メディア論の変遷をたどり，学術的対象としてのケーブルテレビの姿をつまびらかにするところから「ケーブルテレビは地域メディアなのか」という問いに答える準備をしていきたい。

(1)『地域メディア：ニューメディアのインパクト』（1983年）

高度成長政策による社会変動が生じ，地域社会の問題が顕在化した1960年代，日本の社会学や政策学の中で地域やコミュニティ，自治が盛んに論じられ始めたと同時に，コミュニケーション論においても「地域」という概念が登場した[3]。

田村が初めて地域メディア論の組み立てを試みた『地域メディア：ニューメディアのインパクト』はそのような流れを汲み，「大規模，東京，専門家中心のマス・メディアの日本的構造への批判」[4]に基づいて執筆されたものである。そこでは，ともすれば業界誌論やアングラ新聞紙論等の個別論によって論じられ得た「非マスコミ」を「地域」という視点から串刺しにすることで，「地域メディア」という新しいメディアの姿が描き出されている。

同著で示された地域メディア論の特徴としては，第1にスポーツ大会や音楽会，サークル活動等，コミュニケーションが成立する「場」をメディアの1つとして捉えた点，第2に地域メディアの地域文化および地域アイデンティティの醸成装置としての側面に着目した点，第3に地域メディアが対象とする地域社会の範域として県域以下の地方公共団体の行政区域を想定した点，第4に地域メディアとニューメディア[5]の親和性について論じた点が挙げられる。このうちケーブルテレビに関する記述は，本の副題にもなっているニューメディアの文脈においてなされており，次世代の地域メディアとしてとりわけ大きな期待が寄せられている。

具体的には，地域サービスと双方向・参加型ケーブルテレビとが結びつく「未来の“有線都市”のモデル」として米国オハイオ州コロンバスの事例を紹介しているほか，ケーブルテレビが地域政治や地域社会に与える影響の大きさに鑑みると，日本においても「点在するCATVをむすんで巨大ネットワークを形成し，有料テレビなどを実施するよりも，地域社会に密着した自主放送を中心とした『おらが町のテレビ』として放送内容やサービスの種類などをより充実させることが必要」であるとの指摘がなされている[6]。

このように地域メディア論という新分野を開拓した『地域メディア：ニューメディアのインパクト』では，ケーブルテレビがすでに地域メディアの1つとして認識されていた。また，地域向けの自主放送を重視すべきという今日のビジネスモデルに繋がる指摘も早々になされており，「ケーブルテレビ＝地域メディア」という図式がいかに古くから日本に根差してきたのかを示す証となっている。

⑵『新版・地域メディア』（1989年）

1989年には，マス・コミュニケーション効果研究で有名な竹内郁郎との共編著で『新版・地域メディア』が出版された。地域メディアを「一定の地域社会をカバーレッジとするコミュニケーション・メディア」と定義するこの本で特筆すべきは，前著で示された地域メディア論の特徴を踏まえながら地域メディアの類型化が試みられたことである。

同著は「地域」と「メディア」をそれぞれ２つのタイプに大別し，その組み合わせによって地域メディアを４つのタイプに整理してみせた（**図表1-1**）。すなわち，「一定の地理的空間に生活する人びとを対象にした自主放送自主放送」，「活動や志向の共通性・共同性を自覚する人びとを対象にしたコミュニケーション・メディア」，「一定の地理的空間に生活する人びとを対象にしたスペース・メディア」，「活動や志向の共通性・共同性を

図表1-1 ■『新版・地域メディア』における「地域メディア」の諸類型

		「メディア」の類型	
		コミュニケーション・メディア	スペース・メディア
「地域」の類型	地理的範域をともなった社会的単位	自治体広報 地域ミニコミ紙 タウン誌 地域キャプテン CATV 県紙　県域放送	公民館 図書館 公会堂 公園 ひろば
	機能的共通性にもとづく社会的単位	サークル誌 ボランティアグループの会報 各種運動体機関紙 パソコン・ネットワーク	クラブ施設 同窓会館 研修所

出典：竹内［1989］７頁。

自覚する人びとを対象にしたスペース・メディア」である[7]。ケーブルテレビはこのうち，竹内が最も狭義かつ一般的であると指摘する「一定の地理的空間に生活する人びとを対象にしたコミュニケーション・メディア」に該当する。

同著は地域メディアが地域の中でどのような機能を果たしうるのかについても論じており，ケーブルテレビを地域メディアに備わる「情報伝達機能」，「討論・世論形成機能」，「教育機能」，「娯楽機能」，「コミュニティ形成機能」のすべてを網羅するメディアとして紹介している。

たとえば，ケーブルテレビの自主制作番組には地方公共団体の広報や議会中継，学校だより，住民参加型番組等があるが，これらはマス・メディアでは扱うことが難しい地域社会に密着した情報を提供するという「情報伝達機能」を果たすと同時に，地域における課題を提起したり，議論を誘発したりする「討論・世論形成機能」にもつながる。また，ケーブル網が有する双方向機能は教育番組や交換授業を実現して「教育機能」の提供を可能にするし，多チャンネルサービスは視聴者の好みに合った専門番組を数多く提供するという意味で「娯楽機能」を満たしうる。

さらに「コミュニティ形成機能」，すなわち「地域性を基盤にした共同性の醸成に果たす機能」[8]については，自主制作番組の視聴程度と住民意識や地域活動参加に因果関係があるという先行研究結果を紹介しながら，以下のようにその可能性について言及している。

「CATVは，再送信や多チャンネル・サービスでは，視聴者の関心を地域社会より広域にむかわせるが，自主放送や地域情報番組では，それを地域社会にむける作用を果たすという２つの方向の力をもっている。もし，この両方の力がバランスをもって作用するならば，現代社会におけるコミュニティ形成機能を持つ地域メディアとしてのCATVの有用性は高いといえるであろう」

出典：清原［1989］54頁。

なお，『新版・地域メディア』は全17章から構成されているが，ケーブルテレビに関する記述はほぼすべての章でなされており，「第13章 広報媒体としての地域メディア」や「第14章『農村型CATV』の実態」といったケーブルテレビに特化した章も設けられている。『地域メディア：ニューメディアのインパクト』において新しい地域メディアとして注目を集めたケーブルテレビであったが，その６年後に出版された『新版・地域メディア』では最も主要な地域メディアとしてその地位を確立していた。

(3)『現代地域メディア論』（2007年）

竹内の第３の著書である『現代地域メディア論』が出版されたのは，「ケーブルテレビやインターネットが常時接続化され，ケータイメディアがほぼ普及した段階，つまりニューメディアが未来ではなく現実となった段階」[9]に入った2007年のことである。同著はケーブルテレビやコミュニティFMのような事業としての地域メディアのほかに，「無名の個人による自生的な」[10]地域メディア活動が台頭したことを強調しており，2000年代初頭に日本に紹介された市民社会メディア論やパブリックアクセス論との重なりがうかがえる。

とはいえ，新しいタイプの地域メディアが登場したことで伝統的な地域メディアが退場を余儀なくされたわけではない。ケーブルテレビは引き続き代表的な地域メディアとして取り上げられており，地域メディア空間がより重層的なものへと成長したことが示唆された。

たとえば，「第７章　ケーブルテレビにみられるビジネス化―MSO化をどのように考えるか」では，「地域に根差した情報欲求や地域固有の課題と無縁な異質のケーブルテレビ」として見なされがちであったケーブルテレビ統括運営会社（Multiple System Operator：MSO）に焦点を当て，MSO化を地域軽視と単純に捉える見方を浅薄なものと一蹴している[11]。

同章はMSOであっても地域に密着した番組制作や市民参加による番組制作を実施している事業者が少なからず存在することを紹介しつつ，地域向けサービスを提供することがケーブルテレビ事業者の本来業務であり[12]，それが最終的にケーブルテレビ事業者の利益にもつながることを考えれば，「MSOと地域メディアとしてのケーブルテレビのあり方は決して矛盾するものではない」[13]と主張する。

『新版・地域メディア』と『現代地域メディア論』が出版された狭間の1990年代半ばから2000年代前半にかけては，多くの国や地域でMSOが雨後の筍のように設立された時期であった。世界のMSOの大部分はサービス提供エリアを拡大するにつれて事業の地域性を希薄化させたため，この頃からケーブルテレビ事業者は地域メディア事業者というよりも全国向けの放送サービスと通信サービスを提供する総合メディア事業者と認識されることが一般的になっていった。しかし，第４章で述べるように，MSO化が比較的小規模なものにとどまった日本においては，上述のような「MSOであってもケーブルテレビは地域メディアである」とする主張がなされたのである。

このように，日本の地域メディア論は1980年代前半にケーブルテレビを次世代の地域メディアとして発見して以来，ケーブルテレビを地域メディアの中心的存在として見なし続けてきた。技術進歩やMSO化といった時代の潮流に呑まれることなく「ケーブルテレビ＝地域メディア」という考え方を一貫して受け継ぐ理論は，世界であまり例を見ないものであり，この点において地域メディア論がケーブルテレビに向けてきた独自のまなざしを確認することができる。

2 ケーブルテレビ研究の主題：その変遷と暗黙的前提

ここで少し視点を変え，ケーブルテレビ研究に焦点を当ててみたい。地域メディア論が構築した「ケーブルテレビ＝地域メディア」という視座は，人文・社会科学分野のケーブルテレビ研究においてどのように扱われてきたのだろうか。日本のケーブルテレビ事業の沿革を「黎明期（1955年～1980年）」，「拡大期（1981年～1990年）」，「通信・放送融合期（1991年～2010年）」，「ポスト通信・放送融合期（2011年～）」の４つの時期に区分し，先行研究の系譜を整理していこう[14]。

(1) 黎明期（1955年～1980年）

日本におけるケーブルテレビ事業の端緒は，地上波テレビ放送が開始した２年後の1955年に日本放送協会（Nippon Hoso Kyokai：NHK）が地上波テレビ放送の難視聴対策として群馬県伊香保にある物聞山の山頂に共同受信アンテナを設置したことで開かれた。

地上波テレビ放送は，札幌，仙台，東京，名古屋，大阪，広島，松山，福岡などに置局された基幹局（親局）とその周辺のサテライト局によって全国配信されたが，地域によっては地上波テレビ放送局の開局に遅れが生じたところがあった。ケーブルテレビはそのような地上波テレビ放送の難視聴地域において鮮明な地上波テレビ信号を地域住民に再配信する「共同受信施設」として誕生したのである[15]。

この頃のケーブルテレビ施設は地上波テレビ放送局が開局するまでの時間つなぎとして地元住民が自主的に設置したものであり，受信者団体である共同受信組合によって相互扶助的に運営されていたほか，サービス内容も地上波テレビ放送の「区域内再放送」[16]に限られるなど，暫定的な難視聴対策施設として理解されていた[17]。

ところが，1959年にNHKが「テレビジョン共同受信施設助成実施要領」を発表し，施設の新設および旧施設の改修に対する助成金交付を開始したことや，ボクシングやプロレスの中継番組の人気を背景にテレビ視聴の需要が増えたことで，1960年代に入ると同時にケーブルテレビ施設数は著しく増加することになった（**図表1-2**）。

これに伴い，ケーブルテレビ事業者の届出制を設けていた「有線放送業務の運用の規制に関する法律」に代わって，ケーブルテレビ事業者の許可制を導入した「有線テレビジョン放送法」が1972年に制定されるなど，ケーブルテレビ事業をめぐる法制度の整備が進められたほか，サービスエリア外（主に大都市圏）の地上波テレビ放送を再送信する「区域外再送信」[18]や空き帯域を利用して地域情報番組等を自主的に制作・放送する「自主放送」[19]が開始されるなど，ケーブルテレビ事業者の提供サービスの内

図表1-2■ケーブルテレビ施設数とテレビジョン共同受信施設助成数の推移

年度	ケーブルテレビ施設数	テレビジョン共同受信施設助成	
		助成施設数	助成金総額（円）
1958	209	—	—
1959	414	—	—
1960	864	452	2億8,200万
1961	1,495	661	4億6,400万
1962	2,797	807	5億8,800万
1963	3,828	1,154	6億6,700万
1964	4,795	947	5億4,400万
1965	5,741	869	4億7,600万
1966	6,353	676	3億7,000万
1967	6,883	546	2億9,600万

出典：日本新聞協会［1969］1頁および日本放送協会［1968］59頁をもとに筆者作成。

容にも変化が生じた。

こうした「黎明期（1955年～1980年）」におけるケーブルテレビ研究には，ケーブルテレビが地域情報を提供して地域コミュニティの形成や地域アイデンティティの醸成に寄与することを期待するものが多い。研究の数は「有線テレビジョン放送法」が制定された1972年を境に急増し，以降，数多くの事例研究が実施されている。

たとえば坂田［1976］は，ケーブルテレビの機能を難視聴解消や区域外再送信による「補助機能」と自主放送や外的機能[20]による「自律機能」とに二分した上で，ケーブルテレビ事業者は自律機能によって「住民間の横へのコミュニケーションを活発化させ，共通の関心と共通の利害を醸成」させるなど，「地域社会の新しい根幹となって豊かな共同体形成に奉仕しなければならない」と主張する[21]。

また，太田［1989a］［1989b］はケーブルテレビの公共性は「マスメディアのなしえなかった，よりきめ細かい住民サイドに立った情報とサービスを提供すること」にあるとし，ケーブルテレビが「地域連帯の媒体」として機能しながらその公共性を強化していくためには住民参加が不可欠であると提唱している[22]。ここでいう住民参加には，地域住民の放送番組への参加だけでなく，ケーブルテレビを地域のセンターに見立てて，そこで住民の交流や地域の課題解決を図ることまでもが含まれており，一般的な放送メディアと地方公共施設を掛け合わせたような独特なケーブルテレビ像が描き出されている。

⑵ 拡大期（1981年～1990年）

「拡大期（1981年～1990年）」はケーブルテレビがニューメディアとして注目を集め，国によるケーブルテレビ振興策が現れ始めた時期である。日本各地でケーブルテレビブームが起こり，事業者数は「黎明期（1955年～

1980年)」にも増して急速に増加していった。なかでも都市部では「都市型ケーブルテレビ」[23]と呼ばれる大規模ケーブルテレビ事業者が台頭し，衛星放送の再送信による多チャンネルサービスが提供されるようになった[24]。

日本初の都市型ケーブルテレビは1987年４月に東京都青梅市に開局した多摩ケーブルテレビネットワークだが，都市型ケーブルテレビの開局ラッシュは日本通信衛星（現JSAT）の通信衛星であるJCSAT-１号が打ち上げられた1989年にピークを迎えた後，1990年頃まで続いた。具体的には，1987年までに設置許可を受けた都市型ケーブルテレビ施設の累計は23であったが，1988年度に16施設，1989年度に25施設，1990年度に38施設，1991年度に32施設が追加許可を受け，1991年度末時点で134の都市型ケーブルテレビが設置許可を受けた[25]。

都市型ケーブルテレビの事業化ブームの背景には，スターチャンネルをはじめとする有力な番組供給事業者が1986年頃から活動を始めたことがあるが，NHK衛星放送の開始も無視することはできない。1987年７月，NHKが独自番組による編成の「衛星第１テレビジョン」と総合・教育チャンネルの番組から編成される「衛星第２テレビジョン」の放送を本格的に開始すると，各地のケーブルテレビ事業者は次々と衛星放送の再送信に踏み切った。その際，都市型ケーブルテレビのパンフレットにはNHK衛星放送が大々的に紹介され，それが加入勧誘の目玉となるなど，事業を開始したばかりの都市型ケーブルテレビにとって強力な追い風として作用したのである[26]。

この時期の代表的なケーブルテレビ研究としては若林［1988］や山田［1989］があり，ケーブルテレビの地域コミュニティ形成機能や地域アイデンティティ醸成機能に注目していた「黎明期（1955年～1980年)」の研究枠組みがそのまま受け継がれている。

若林［1988］はケーブルテレビが都市部において担い得る役割について

考察したもので，ケーブルテレビのうち地上波テレビの再送信のみ行うものを第１世代，再送信に加えて自主放送も行うものを第２世代，さらに双方向通信によって放送以外のサービスを行うものを第３世代と分類した上で，第１世代は都市生活の質の向上と平準化への貢献，第２世代は地域アイデンティティ形成への貢献，第３世代は地域の情報通信基盤としての貢献がそれぞれ期待されるとした[27]。

また，ケーブルテレビ事業の存立基盤について論じた山田［1989］は，農村部，地方都市，大都市（郊外），大都市（都心）とで地域差があるとしつつも，ケーブルテレビ事業の安定的な存続のためには総じて「利用者／地域社会の支持が，『売上』といった形で直接の資金の流れを生むか，公共セクターによる資金投下を是認する『民意』を形成する必要がある」ことを指摘した[28]。

地方部であれ都市部であれ，ケーブルテレビを地域住民とともにあるメディアとして捉える視座がこの頃のケーブルテレビ研究にも存在している。

(3) 通信・放送融合期（1991年～2010年）

インターネット網のブロードバンド化や放送のデジタル化が進んだ「通信・放送融合期（1991年～2010年）」には通信業界と放送業界の相互参入や通信と放送を連携させた新サービスの提供が実現し，旧郵政省が1993年12月に発表した「CATV発展に向けての施策」によって大規模な規制緩和が行われたことを契機に，ケーブルテレビ業界においても通信と放送の融合が目指されるようになった[29]。

1990年代半ば以降に開局したケーブルテレビ事業者の多くは光／同軸ハイブリッド（HFC）方式[30]のシステムを採用し，従来の放送サービスにインターネット接続やケーブル電話といった通信サービスを加えたトリプルプレイ・サービス（triple play service）[31]を前面に打ち出した事業展開を図ったほか，2000年代にはコミュニティ放送局とのメディアミックス[32]やビデオ・オン・デマンド（Video On Demand：VOD）サービス[33]，プライマリーIP電話サービス[34]の提供も始まった。

ただし，通信と放送の融合が進行したからといって自主放送に代表される地域向け放送サービスが縮小されたわけではなかった。自主放送を行うケーブルテレビ施設数は1991年の347施設から2010年の528施設へと増加しており，地域向け放送サービスは依然としてケーブルテレビ事業者にとって最重要事業の１つとして捉えられていたのである[35]。

「通信・放送融合期（1991年～2010年）」に突入したことで，ケーブルテレビは地域に根差した単なる放送局としてではなく，地域の総合的な情報通信インフラとして注目を集めるようになっていったが，これに伴い，ケーブルテレビ研究においてもケーブルテレビの双方向通信機能を主題とするものが増えてきた。

松浦［1996］，村山他［1996］，田中・落合［2002］では，ケーブル網を用いた在宅保健・医療・福祉支援システムや大学と地域の接続システム，PTA連絡システムの構築に関する事例研究がそれぞれ行われており，ケーブルテレビの双方向機能による地域貢献について具体的な検討がなされている。

その一方で，ケーブルテレビの自主放送の効用について論じる研究も変わらず実施されている。宮本・古川［2008］は，市町村合併に際してケーブルテレビのコミュニティ・チャンネルが住民の地域アイデンティティの変容にどのような影響を及ぼしたのかを調査し，「合併によって新しく生まれた町を『ウチ』の町として意識させることに，ケーブルテレビは大変有効」であり，「ケーブルテレビは，住民同士の心理的な距離を縮め，合併を円滑に進めることに大きく貢献していた」と結論付けている[36]。

その他，ケーブルテレビのパブリックアクセス・チャンネルが地域社会に及ぼす影響に注目し，パブリックアクセス・チャンネルには市民のメディア・リテラシーを地域性にふさわしい方法で育てる役割が期待されると主張する平塚・金沢［1996］などもある。

(4) ポスト通信・放送融合期（2011年〜）

「ポスト通信・放送融合期（2011年〜）」では，次世代の通信・放送融合サービスとでもいうべき新しい付加価値サービスの開発および提供を積極的に実施するケーブルテレビ事業者が増えている。代表的な付加価値サービスとしては，地域の安全・安心情報提供サービス[37]，無線サービス[38]，4K・8K放送[39]，個人番号カードを活用したサービス[40]などがあり，「通信・放送融合期（1991年〜2010年）」の通信・放送融合サービスをさらに進化させた地域固有のICT活用サービスが多い。

一方，ケーブルテレビ研究の状況に目を向けてみると，自主放送が地域社会に与える影響について論じた大杉［2011］やケーブルテレビを利用した地域住民のメディア活動の実態について調査した松本［2012］など，これまでの研究枠組みの方向性を踏襲したもののほか，全国アンケート調査を通してケーブルテレビ事業者が依然として地域社会への寄与を最重要視していることを明らかにした大谷［2012］がある。

しかし，ケーブルテレビ研究の全体数は2011年以降かなり少なくなっている。地域向けサービスや放送サービスの分野にスマートフォンやOTT-V（Over The Top Video）等が次々に現れたことで，レガシーメディアであるケーブルテレビの研究対象としての存在感が薄まりつつあることもその背景にあるのかもしれない。

ただし，ケーブルテレビ業界誌ではICTを活用した新サービスを紹介する記事が数多く掲載されており，ケーブルテレビの地域公共情報通信基盤としての姿が描き出されている。たとえば，日本における代表的な有料放送業界月刊誌である『衛星&ケーブルテレビ』は，2011年１月から2018年１月までの間に合計617本の記事が掲載し，うち86本が特集記事だった。

その内訳を見てみると，ケーブルテレビ業界の一大イベントである「ケーブルコンベンション」や国際放送機器展である「Inter Bee」といったイベントに関するものが23本，4K放送やデータ放送等の放送の高度化に関するものが13本，スマートフォンやデジタル・サイネージをはじめとするデバイスや次世代セット・トップ・ボックス（Set Top Box：STB）に関するものが９本あった（**図表１-３**）。特集で取り上げられたテーマは多岐にわたるが，ケーブルテレビに関連する新しい技術やコンテンツを地域向けサービスにどのように活用できるかという切り口のものが多く，「ケーブルテレビ＝地域メディア」という構図は業界誌においても生きている。

図表１-３ 『衛星&ケーブルテレビ』特集記事のテーマ一覧（2011年１月～2018年１月）

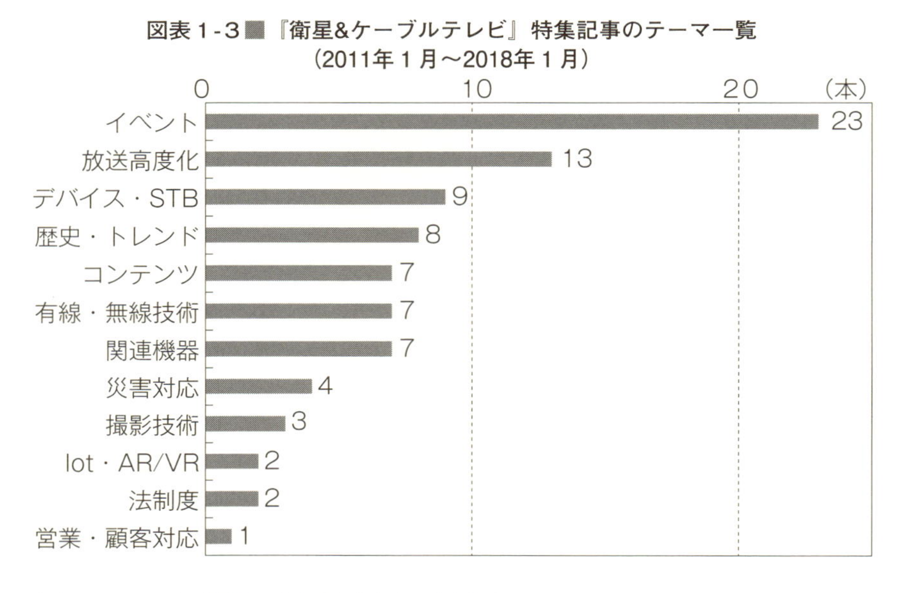

出典：テレケーブル新聞社（各年月）をもとに筆者作成。

(5) 先行研究の特徴と課題

ケーブルテレビ研究の主題は，「黎明期（1955年～1980年）」には自主放送が地域意識の醸成に及ぼす影響について，「拡大期（1981年～1990年）」には都市型ケーブルテレビが地域意識の醸成に及ぼす影響について，「通信・放送融合期（1991年～2010年）」には自主放送に加えて双方向通信機能が地域意識の醸成に及ぼす影響について，と移り変わってきた。また，「ポスト通信・放送融合期（2011年～）」においても，数は限られているもののケーブルテレビ事業の地域性について論じる研究は行われている。

いずれの時期においても地域メディア論の中で生成された「ケーブルテレビ＝地域メディア」という図式が活用されており，ケーブルテレビの地域メディアとしての社会的役割の実現方法をめぐる議論が今日に至るまで丁寧に重ねられてきている（**図表1-4**）。

しかしながら，それは裏を返せば「ケーブルテレビ＝地域メディア」という図式がケーブルテレビ研究の暗黙の前提として固定化されてきたことを意味しており，それゆえ取り零（こぼ）されてきた視点というものも当然存在する。そもそも日本のケーブルテレビ事業者が「地域メディア機能の提供」という社会的役割を担い続けている経緯は何なのか。日本のケーブルテレビ事業者はなぜ一般的に採算性が低いと考えられている地域向けサービスを事業の主軸に置きながら今なお市場で生き残ることができているのか。ケーブルテレビは「地域メディア機能の提供」以外の社会的役割を担う可能性はないのか。

いずれも素朴な疑問ではあるが，これまでのケーブルテレビ研究では十分に拾い上げられてこなかった視点であり，「ケーブルテレビ＝地域メディア」という図式自体の再検討を促す，無視することのできない問いである。2018年現在，これらの疑問について論じる研究はほとんど存在しな

図表1-4■日本におけるケーブルテレビ研究の変遷

	黎明期（1955年～1980年）	拡大期（1981年～1990年）	通信・放送融合期（1991年～2010年）	ポスト通信・放送融合期（2011年～）
ケーブルテレビ事業者の提供サービス	• 地上波放送再送信 • 自主放送	• 地上波放送再送信 • 自主放送 • 多チャンネル	• 地上波放送再送信 • 自主放送 • 多チャンネル • トリプルプレイ	• 地上波放送再送信 • 自主放送 • 多チャンネル • トリプルプレイ • 地域固有のICT活用サービス
ケーブルテレビ研究の主題	• 自主放送が地域意識の醸成に及ぼす影響	• 都市部において自主放送が地域意識の醸成に及ぼす影響	• 自主放送が地域意識の醸成に及ぼす影響 • 双方向通信機能が地域意識の醸成に及ぼす影響	• 自主放送が地域意識の醸成に及ぼす影響 • 双方向通信機能が地域意識の醸成に及ぼす影響 • 通信・放送融合時代における事業の展開方向性
代表的な学術論文	• 坂田［1976］ • 太田［1989a］［1989b］	• 若林［1988］ • 山田［1989］	• 平塚・金沢［1996］ • 松浦［1996］ • 村山 他［1996］ • 田中・落合［2002］ • 宮本・古川［2008］	• 大杉［2011］ • 松本［2012］ • 大谷［2012］

出典：筆者作成。

いといってもよく，ケーブルテレビ研究の土台には大きな空白地帯が残っているのが現状である。

ケーブルテレビ研究の課題をもう１つ挙げるとすれば，ケーブルテレビ事業者と政府との政府企業間関係に関する汎用な考察の不在がある。日本のケーブルテレビ事業者は政府と二人三脚で事業を展開させてきた側面があり，政府によるケーブルテレビ振興策が多く打ち出された「拡大期（1981年～1990年）」および「通信・放送融合時代（1991年～2010年）」には，地域情報化研究の枠組みにおいてケーブルテレビを取り上げた事例研究が少なからず蓄積された。1980年代に展開された高度情報化社会論や地域情報政策論，2000年代の地域活性化論など，さまざまな文脈において地域情報化とケーブルテレビの関係性についての研究が行われたのである。

しかし，これらの多くは各地の先進事例を断片的に紹介するものにとどまっており，ケーブルテレビ事業者の政府企業間関係について通時的あるいは汎用的な考察を行ったものは残念ながら見当たらない。「ケーブルテレビ＝地域メディア」という図式がなぜ日本においては廃れないのかという本書の問いに答えるためには，法制度や政策を通してケーブルテレビ事業のあり方に特に大きな影響を与える政府とケーブルテレビ事業者とがこれまでどのような関係性を築いてきたのか，その全体像を整理し，描き出す必要があるように思われる。

3　本書の学術的意義

既存研究を踏まえると，本書の学術的意義は以下の３点にまとめることができる。

第１に，これまでの日本のケーブルテレビ研究はケーブルテレビは地域メディアであるという暗黙の前提の上に蓄積されたものであったが，本書はその前提を批判的に検証し，ケーブルテレビ事業者の社会的役割が地域や時代の違いを反映して変化する非恒常的なものである可能性を探る。

加藤［2015］は，これまでの地域メディア論の中で抜け落ちてきた研究軸，言い換えれば今後拡張が望まれる研究軸として「構造軸上の拡張」，「機能軸上の拡張」，「時間軸上の拡張」の３つを提起しているが，本書はまさに「時間軸上の拡張」を試みたものであるといえよう（**図表1-5**）[41]。誰が，どのような目的の下で，どのような資源を使ってケーブルテレビ事業を立ち上げ，その事業遂行の中でどのような試練や転機に直面し，事業内容や社会的役割を捉え直してきたのか。日本，韓国，台湾におけるケーブルテレビ事業がそれぞれどのように生成，発展，変容，消滅，転換してきたのかを比較することは，先行研究が今まで描くことをしてこなかった日本独自の「ケーブルテレビの地域メディアとしての生成史」を体系的に捉え直すことにもつながる。

第２に，政府企業間関係論という立場からケーブルテレビ分野における新たな研究視角を提示する。すなわち，本書は，日本，韓国，台湾を事例とした国際比較分析を通して従来の研究では十分に検証されてこなかったケーブルテレビ事業者と政府との関係性の全体像を把握することによって，政府企業間関係がケーブルテレビ事業者の社会的役割の決定や存続性に影

図表1-5■地域メディア論の拡張の軸

	拡張の軸	可視化される射程
〈地域と文化〉のメディア社会学	構造軸の拡張	地域コミュニケーションの総過程論，表出の螺旋の構造と過程
	機能軸の拡張	文化の継承と創生の過程，文化媒介者，文化のメディア的展開
	時間軸の拡張	事業過程論，メディア事業のライフストーリー（生成・発展・変容・消滅・転換）

出典：加藤［2015］103頁。

響を与えるメカニズムを明らかにし，ケーブルテレビ事業者のあり方を論じる際の新たな観点を開拓する。

第3に，韓国と台湾におけるケーブルテレビ事業について体系的な分析を実施することで，ケーブルテレビ研究の重層的かつ多面的な進展に寄与できると考える。日本では米国のケーブルテレビ業界に関する研究は重ねられてきたが，欧州やアジアのケーブルテレビ事業に関する研究の数は限定されており，2000年代以降，その数はさらに減少している。その意味で，本書が韓国と台湾のケーブルテレビ史を詳細に描き出すことで，そうした手薄な研究領域を埋める意義は小さからずあると考える。

●注

1　竹内［1989］の定義に倣い，本書では「地域メディア」を「一定の地域社会をカバーレッジとするコミュニケーション・メディア」と定義する。ここでいう「地域社会」は，基本的には県域以下であると想定される地理的範域を伴った社会的単位を意味し，「コミュニケーション・メディア」はメッセージの伝達媒体を意味する。竹内［1989］3頁。

2　日本では，ケーブルテレビ事業者の提供するサービス内容によってケーブルテレビの表記の仕方が変化してきた。具体的には，地上波テレビ放送の再送信サービスだけを提供するものをCATV（Common Antenna Television，共同受信施設），自主放送サービスを提供するものをCATV（Community Antenna Television），それらサービスに加え通信サービスも提供するものをケーブルテレビと区別してきた。米国においても，地上波テレビ放送の再送信サービスを主業務とするCommon Antenna Television，地域コミュニティに根差したCommunity Antenna Television，多チャンネルサービスや双方向機能を備えた1970年代後半以降のCable Televisionと表記方法は変化している。しかし，このすべてを使い分けると文章が複雑になり混乱を招く恐れがあるため，本書では「ケーブルテレビ」という表記で統一する。ただし，引用部分はその限りではない。

3　田村［1983］217頁。

4　加藤［2015］72-74頁。

5　後藤［1987］によれば，「ニューメディア」という言葉は1970年代中頃には日本の放送業界で一般的に通用する新語として使われていたそうであるが，放送・通信分野における新技術を活用して可能になるさまざまなサービスが一括してニューメディアとして呼ばれていたのが実情であり，明確な定義が存在していたわけではないようである。『地域メディア：ニューメディアのインパクト』も「コンピュータをはじめとして，半導体技術，光ファイバー技術，衛星通信技術などの通信関連技術におけるいちじるしい技術革新は，情報通信メディア間の融合を可能とし，いわゆるニューメディアの登場をもたらした」と述べているが，ニューメディアそれ自体の定義については明言していない。一方，ニューメディアの定義を試みたのは『The New Media–Communication, Research and Technology』の編者であるR. E. ライスで，いわく「我々は一般性をもたせてニューメディアを次のようなコミュニケーション技術と定義する。すなわち，典型的にはコンピュータの諸機能（マイクロプロセッサあるいはメインフレーム）を取り組むのであるが，利用者相互間に，あるいは利用者と情報との間に，インタラクティビティを可能にする，またはインタラクティビティを高める諸コミュニケーション技術」だという。ただし，ライス自身はこの定義を緩やかで暫定的なものとしてみなしている（後藤［1987］153-164頁，田村［1983］154-156頁，Rice［1984］p.35）。

6　川本［1983］105-107頁，154頁。

7　竹内，前掲書，7頁。

8　清原［1989］53頁。

9　加藤，前掲論文，83頁。

10　浅岡［2007］26頁。

11　岩佐［2007］116頁。

12　岩佐［2007］は，ケーブルテレビが提供し得る地域向けサービスの具体例として，地域生活情報や行政情報の伝達，地域の防災・防犯，地域の課題に対する議題設定，パブリックアクセス・チャンネルの開設，遠隔医療や高齢者福祉サービス，地域情報基盤としてのインターネット接続サービス，IP電話の充実等を挙げており，『新版・地域メディア』において清原［1989］が描いたオールラウンダーな地域メディアとしてのケーブルテレビの姿がそのまま受け継がれている。

13　岩佐，前掲書，117頁。

14　時期区分は佐伯［2014］128-131頁を参考にした。

15　日本ケーブルテレビ連盟25周年記念誌編集委員会編［2005］111頁。

16　地上波テレビ放送の放送対象地域内でケーブルテレビ事業者が番組を再送信することを「区域内再送信」という。区域内再送信は地上波テレビ放送の難視聴解消を目的としたもので，「放送法」第92条（基幹放送の受信に係る事業者の責務）の規定によるものである。さらに，「放送法」第140条（受信障害区域における再放送）では，総務大臣が指定したケーブルテレビ事業者による難視聴地域での再送信が義務付けられており，「放送法施行規則」第160条第1項第1号に「義務再送信」として規定している。

17 日本ケーブルテレビ連盟25周年記念誌編集委員会編，前掲書，111頁。

18 地上波テレビ放送の放送対象地域外でケーブルテレビ事業者が番組再送信することを「区域外再送信」という。区域外再送信は本来視聴できなくても問題がない地上波テレビ放送を再送信するもので，「放送法」第11条（再放送）により地上波テレビ放送事業者の同意を得なければ実施できないことになっている。

19 日本初のケーブルテレビによる自主放送は，1963年9月に岐阜県郡上八幡で行われた盆踊りの中継番組である。その後，1966年7月には兵庫県香住町の香住テレビ協会が，同年9月には静岡県下田市の約半分をサービスエリアとしていた下田テレビ協会が，1967年12月には兵庫県網野町がそれぞれ自主放送を開始した。当時の新聞は免許事業である地上波テレビ放送と対比して，ケーブルテレビの自主放送を「ピープル放送」と名付けたという。なお，自主制作番組の代表的な内容としては，地域ニュース，地方公共団体広報，教育番組，学校や地域住民による制作番組，娯楽・教養番組，地元伝承記録番組，市町村議会中継，生活情報などがあった（日本ケーブルテレビ連盟25周年記念誌編集委員会編，前掲書，112頁および127頁。大谷［2012］37-50頁）。

20 坂田［1976］は，データ通信，ファクシミリ，電子郵便，家庭電化製品のテレコントロール，テレショッピング，病気の遠隔診断，キャッシュレス・システム，電気・ガス・水道の自動検針，テレビ電話，オンライン世論調査といったサービスが将来の技術開発次第では提供可能になると予想し，それらの情報伝達機能をテレビ放送以外の通信という意味で「外的機能」と呼んだ。

21 坂田，前掲論文，100-107頁。

22 太田［1979a］177-178頁。太田［1979b］4頁。

23 「都市型ケーブルテレビ」とは，1983年3月に最終報告書が発表された「都市の大規模有線テレビジョン放送施設に関する開発調査研究」を受けて，旧郵政省がそれ以降に施設許可を出したケーブルテレビ施設のうち，①引込端子数が1万以上，②自主放送が5チャンネル以上，③中継増幅器に双方向機能をもつという3つの条件を満たした諸施設に対する呼称である。なお，1997年5月以降，旧郵政省は都市型ケーブルテレビという呼称の使用をやめ，ケーブルテレビを再送信のみのケーブルテレビと自主放送を行うケーブルテレビとの2つに分類するようになった。

24 衛星を介して国内各地のケーブルテレビ事業者に番組を供給するシステムは「スペース・ケーブルネット」と呼ばれた。1985年に旧郵政省が設置した「本格的衛星時代を迎えたCATVの普及促進に関する調査研究会（略称：スペース・ケーブルネット調査研究会)」がその語源となっている。1988年7月にはケーブルテレビ事業者，番組供給事業者，民間通信衛星事業者をはじめ，メーカーや商社など59社・団体が「スペース・ケーブルネット推進協議会」を発足させており，1992年５月に「ケーブルテレビ協議会」へと名称を変更している。

25 日本ケーブルテレビ連盟25周年記念誌編集委員会編，前掲書，128頁。

26 山田［1989］28頁。

27 若林［1988］33頁。

28 山田，前掲論文，53頁。

29 たとえば，旧郵政省21世紀に向けた通信・放送融合に関する懇談会は1996年６月に発表した最終報告において，「情報活動形態の変化により，通信・放送分野において，それぞれ典型的な通信・放送以外の中間領域的なサービスが実現しつつある」とし，「公然性を有する通信」と「限定性を有する放送」の新たな概念を提起するとともに，現行法制度を抜本的に見直す必要性を示した。また，『情報通信白書　平成13年版』では，通信と放送の融合が「インターネット放送のような通信と放送の中間領域的なサービスの登場（サービスの融合）」，「ケーブルテレビネットワークのように，一つの伝達手段を通信にも放送にも用いることができる伝達手段の共用化（伝送路の融合）」，「電気通信事業と放送事業の兼営（事業体の融合）」，「通信にも放送にも利用できる端末の登場（端末の融合）」に分類して紹介され，多様な融合サービスの本格化に期待が寄せられた（郵政省21世紀に向けた通信・放送の融合に関する懇談会［1996］。総務省［2001］31頁）。

30 HFC方式とは，約500～1,000の加入者宅を１ノードとし，ケーブルテレビ施設からノードまでを光ファイバーで結び，ノードから加入者宅までを同軸ケーブルで結ぶものである。多チャンネルサービスだけでなく，上りを利用する通信サービスにも適した方式として普及した。

31 トリプルプレイ・サービスとは，従来それぞれに異なる回線を用いて提供されていた映像配信サービス，インターネット接続サービス，固定電話サービスを１本の回線で提供するサービスのことである。一般的にそれぞれ別の回線を用意して契約するよりも安価であることが多い。

32 コミュニティ放送局とは，1992年１月に制度化された超短波放送局（FM放送局）のことで，市町村内の一部地域において地域情報を提供することをその目的としている。一般的にコミュニティ放送局は経営難に直面しているケースが多いが，2000年代頃から無線を持たないケーブルテレビ事業者がメディアミックスの一環としてコミュニティ放送局の運営に参画し，緊急時の地域情報の発信や地域情報の到達率の向上を図る事例が報告されている。たとえば，愛知県豊田市に本社を置くひまわりネットワークが2000年９月に設立したコミュニティ放送局「FMとよた」では，主要幹線道路や河川のライブ映像をケーブルテレビで確認しながら交通や河川水位の状況を実況中継するなどして，災害情報の発信に役立てている。また，愛知県刈谷市に本社を置くキャッチネットワークは東海地震の発生を危惧する刈谷市，安城市，高浜市，知立市，碧南市からの要請を受けてコミュニティ放送局「エフエムキャッチ」を設立し，2003年１月からコミュニティFM放送を開始している。

33　VODサービスとは動画配信システムの一種で，ユーザが要求した映像コンテンツを即座に配信する形態のサービスのことをいう。映画やドラマだけでなく地域情報番組をVODコンテンツに収録することで競合事業者との差別化手段になり得るとしてケーブルテレビ事業者の関心を集めた。

34　ケーブルテレビ事業者による固定電話サービスは1997年にタイタス・コミュニケーションズ（現ジュピターテレコム）が回線交換式電話事業に参入したことに始まるが，現在はIP技術を利用したVoIP方式電話事業が主流となっている。

35　郵政省［1993］481頁。総務省［2011］231頁。

36　宮本・古川［2008］143頁。

37　具体的なサービス内容としては，緊急地震速報やデータ放送サービスがある。緊急地震速報は気象庁が中心となって提供している予報および警報を家庭や事業所に設置した専用端末が発報し，地震の規模や到達時間を知らせるもので，東日本大震災以降，特に需要が高まっている。データ放送サービスでは市町村などの行政情報や施設紹介，警察署および消防署からのお知らせ，休日当番医の紹介，交通情報，天気予報，地元店舗の紹介，お出かけ情報，ケーブルテレビ事業者からのお知らせなどをテレビ画面の静止画情報や文字情報で提供している。このような地域情報を携帯電話やスマートフォンでみられるようにするシステムを導入するケーブルテレビ事業者も徐々に増加している（日本ケーブルテレビ連盟25周年記念誌編集委員会編，前掲書，16-17頁）。

38　スマートデバイスの普及によって高速大容量通信の需要が増大していることを背景に，TV Everywhereサービス，Wi-Fiサービス，地域広域帯移動無線アクセス（Broadband Wireless Access：BWA）システム，ケーブルスマホ（Mobile Virtual Network Operator：MVNO）サービス等，従来のケーブル・ネットワークと無線ネットワークとを連携させた新サービス提供に乗り出すケーブルテレビ事業者が増加している。なお，TV Everywhereサービスとは，いつでも，どこでも，好きな番組を身近な端末で視聴することができるサービスで，スマートフォンやタブレット，パソコンなどの端末から番組情報や番組表の閲覧および番組の録画予約や視聴ができるものである。Wi-Fiサービスの具体例としては，Wi-Fi機能が搭載されたSTBの提供や地域のWi-Fiスポットの整備がある。地域BWAサービスは，登下校時の見守りサービスや地域防犯カメラ・ネットワークなどの災害対策に用いられる地域の公共の福祉に寄与することを目的とした無線サービスである。ケーブルスマホ・サービスは2014年12月にケーブルテレビ業界全体が連携する形で開始した。2017年11月までに114社が同サービスを提供しており，ケーブルテレビ総接続世帯数の約80％の地域で利用環境が整備されている（日本ケーブルテレビ連盟25周年記念誌編集委員会編，前掲書，17-19頁。日本ケーブルテレビ連盟［2017］『2017ケーブルテレビ業界レポート』，18頁）。

39　ケーブルテレビ業界は2015年12月に全国統一編成による4K実用放送によるコミュニティ・チャンネルである「ケーブル4K」を開始し，2017年10月現在82社がサービスを提供している（日本ケーブルテレビ連盟，前掲資料，11頁）。また，2016年からは8Kに向けた実験的な取り組みも開始している。

40　2015年１月に交付された個人番号カードを活用したケーブルテレビを介したオンラインサービスが検討されている。具体的には，検診情報を電子化して蓄積・管理するヘルスケア・サービスや，ケーブルテレビを活用した行政サービス等がある。

41　加藤，前掲論文，97頁および105頁。

第2章

中心的概念と
分析アプローチ

1 「企業の社会的役割」概念の誕生

(1) 19世紀から20世紀にかけての企業観の変容

1602年に設立されたオランダ連合東インド会社（Vereenigde Oostindische Compagnie：VOC）を起源とする「株式会社」は1830年代に英国において定着した後，19世紀中頃から資本主義諸国で本格的に普及していったが，それらはいずれも家族で所有，経営する小規模なものであった。18世紀中頃に第1次産業革命を迎えたとはいえ，19世紀における交通インフラや通信インフラ，金融システム，生産技術はまだ発展の初期段階にあり，商品の長距離輸送，速く正確な情報の入手，大規模な資金調達，商品の大量生産が困難な事業環境のなかで現在のような大規模な経済活動を行うことは不可能だったためである[1]。

小規模な家族経営企業が支配的だったがゆえ，当時の企業観は伝統的経済学でいうところの「株主主権型モデル」に基づくものが一般的であった。すなわち，企業はオーナーや株主の私有財産であると同時に，彼らの利潤を最大化するための致富手段だとする古典的企業観である。

ところが，19世紀末から20世紀にかけて第2次産業革命が起こると，電力を用いた工場での廉価な大量生産，鉄道や通信の発達に伴う市場拡大，金融機関の発展による大規模商取引が実現したほか，大量生産によるコスト削減を最大限に活用するために垂直・水平統合による自社の再編成に乗り出す企業が増えていった[2]。

こうした社会的背景のもと，20世紀における企業の規模は19世紀のそれと比較にならないくらいに巨大なものへと成長した。企業の巨大化は単に量的な規模を拡大させただけではなく，企業の質，すなわちその性格や構造にまで変化をもたらした[3]。三戸・池内・勝部［2011］は20世紀の大企業化がもたらした企業変容の具体的な内容について次のように言及している。やや長いがここに引用しておきたい。

⑴ 大規模化は莫大な資本を必要とし，資本調達のため株式を発行する。創業者やオーナーは急激に増大する株式を購入し続けることができずに，急速にその持株比率を減らし，支配力を失っていった。

⑵ 市場の拡大に対応して，企業は高度で複雑な管理を必要とする組織となっていき，経済・経営・商学系の大学や専門学校の出身者に代表される専門経営者により動かされていくようになった。

⑶ 組織となったということは，すなわち，企業活動が経済学的な企業家の個人的行為から，複数の人間の組織目的達成のための協働行為になったということである。そこにおいて，経営も人・モノ・金を集め，結合することから，組織の維持・発展＝管理へと変化した。

⑷ 大規模化した企業は，その内部だけを変化させたのではなかった。企業に勤める人の数は増大する一方であり，社会の圧倒的多数の人がサラリーマンとなった。企業に勤める人々は企業から収入を得るだけでなく，社会的地位や人間関係，やりがい・生きがいをも得るようになった。

⑸ 企業間の取引ネットワークは緊密化・複雑化し，企業が相互に与えあう影響力も巨大になった。

⑹ 人々が国家・行政に対してさまざまな要求をする福祉国家は，企業が生み出す富なくしては福祉・教育，防衛・治安などを

十分に提供することは難しくなった。

出典：三戸・池内・勝部［2011］『企業論　第３版』有斐閣，
5-6頁。

すなわち，従業員や顧客，生産資材提供者，一般大衆を部外者として見なし，オーナーや株主といった一部の資本家のためだけに存在していた19世紀の企業は，「株主・銀行・経営者・従業員・消費者・取引先・地域住民などのステークホルダー（利害関係者）全体のために存在する」[4]20世紀の大企業へと変容し，つぶれることが許されない永続企業体（going concern）となることを求められるようになったのである（**図表２-１**）。

法律学者A. A. バーリと経済学者G. C. ミーンズは共著『近代株式会社と私有財産』［1932］において，この私的致富手段としての企業から準公的会社としての企業への移り変わりを「株式会社革命（corporate

図表２-１■大企業のステークホルダー関係図

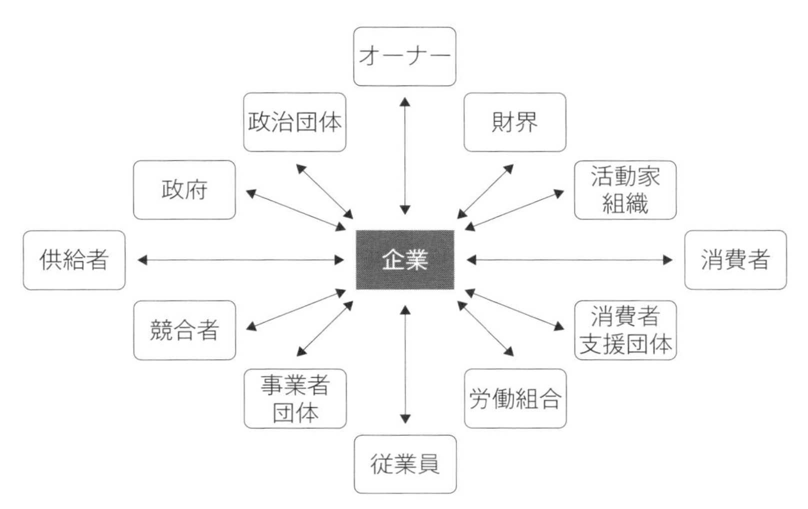

出典：Freeman［2010］p.55をもとに筆者作成。

revolution)」と呼んでいる[5]。この静かな革命（quiet revolution）は，企業に市場支配，環境汚染，地域社会の経済的生活への影響，政治献金や文化的寄付による社会的・文化的領域への影響といった企業権力（corporate power）を与えるとともに，その権力に見合う責任の受け入れや社会的役割を遂行することも求めるようになった[6]。

(2) 企業の社会的役割という概念の誕生

米国の経済学者であるJ. ディーンが主著『経営者のための経済学』［1951］において「経済理論は，事業第一の目的が最大利潤の追求であるという根本前提の上に立っている。しかし，最近多くの理論家は，この仮定をより広い視野で検討しなければならないということを痛感するに至った」[7]と述べているように，1950年代の学術界では，伝統的経済学が掲げた「企業の目的は利益追求である」という命題に対して「利益とは何か」という問いを投げかけるような議論が活発化した。

たとえば，A. A. バーリは財産の変革（有形財産→無形財産）[8]，J. K. ガルブレイスは限界的生産要素の変化による支配力の移行（消費者主権→生産者主権）[9]，A. D. チャンドラーは財貨調整システムの転換（市場的調整→管理的調整）[10]，P. F. ドラッカーは社会原理および社会そのものの変化（市場原理・商業社会→組織原理・産業社会）[11]と，それぞれの視点から企業や市場をめぐる議論を展開し，20世紀の大企業が特定個人の私有財産から社会的制度へと変容したことを指摘するとともに[12]，「企業はそれ自体が一つのシステムであると同時に，社会というより大きなシステムを構成する下部システムである」[13]とする20世紀の企業観を提示するに至った。

そして，そうしたなかで立ち現れたのが「企業の社会的役割」という概念である。つまり，企業をはじめとするあらゆる組織は社会という全体を構成する部分であり，それぞれ社会において果たすべき使命がある。それゆえ企業も特定個人の私的利益を追求するだけでなく，ステークホルダーと役割分担あるいは協働しながら社会的諸課題に対応し，社会全体のために使われるべきとの考えが誕生したのである。「企業の社会的役割」は，社会的期待や社会的規範に基づいて創出が目指される社会的成果のうち企業が関与する面と定義することができよう[14]。

なお，21世紀に入ると，大規模化した企業が個人では実現し得なかった社会的成果をあげる一方で，環境破壊や地域コミュニティの崩壊，貧困・労働・人権問題等，限りある自然環境や生態系に負の影響を与えてきたことに注目が集まり，人々の関心は企業と社会との関わり方に向かうようになった。社会全体の均衡ある発展を促すことが企業自身の持続的な繁栄にも地球社会全体の持続的な繁栄にもつながるとの認識が普及し，社会的責任論，社会貢献論，企業市民論など，企業に対するさまざまな要請が生まれたが[15]，その中でも特に広く定着した概念に「企業の社会的責任(Corporate Social Responsibility：CSR)」がある。

欧州委員会（European Commission：EC）によれば，CSRは「企業の社会への影響に対する責任」と定義付けられ，企業倫理，法令遵守，不正・腐敗防止，労働・雇用，人権，安全・衛生，消費者保護，社会貢献，調達基準，海外事業といった企業の倫理面や社会面が強調される場合が多い[16]。CSRは「企業の社会的役割」同様，企業がステークホルダーに及ぼす巨大な影響力への考慮として20世紀に誕生したが，頻発した企業不祥事や環境汚染問題を契機に2000年代以降に定着し始めた。日本では2003年に「CSR元年」を迎えたといわれている[17]。

ただし，「企業の社会的役割」が企業とステークホルダーとの相互関係の帰結として必然的に企業にあてがわれた役割を指すのに対し，CSRは企業がステークホルダーや社会に対してどのような責任をとるべきかという当為的な概念であるため，両者を同一のものとして論じることはできない。

本書でケーブルテレビ事業者の社会的役割について論じる際には，CSRではなく「企業の社会的役割」の概念を用いている点に留意されたい。

2 政府企業間関係アプローチ

(1) 政府企業間関係アプローチの妥当性

企業はさまざまなステークホルダーとともに社会を構成し，彼らと役割分担あるいは協働しながら社会的成果の創出を目指す。そのため，各ステークホルダーは多かれ少なかれ企業のあり方，ひいては「企業の社会的役割」の規定に直接的あるいは間接的に関与する。

しかしながら，民主的な政治制度を前提とすれば，国家の制度設計機能を有する政府は法律やルールを弾力的かつ裁量的に運用して企業を外側から規定することが可能であるため，ステークホルダーの中でも企業に対して特に強い目的性や強制力を持つ[18]。P. F. ドラッカーが述べるように「企業は政府と対等のものではなく，国家の政策と国民の福利とに従属しなければならない」[19]存在だといえる。

さらに，政府は特定の産業を保護したり市場競争を加速したりするために振興政策や規制政策を打ち出すが，第３章で説明するように，ケーブルテレビ産業はその経済学的特質や事業内容の公益性の高さを根拠に特別な政策を必要としてきた経緯があり，一般的な産業と比べると政府とより強い関わりを持ってきた[20]。

以上に鑑みると，政府という主体を無視してケーブルテレビ事業者の社会的役割を独立的に論じたとしても，その有効性は低いと考えられ，本書で政府企業間関係アプローチを分析枠組みとして採用する理由もこの点にある。

(2) 政府企業間関係の規定要因

政府企業間関係を通じて形作られる「企業の社会的役割」が国や地域ごとの相違を反映して多様となることを指摘した上で，宮川［2006］は政府企業間関係の規定要因として，「企業の制度的特徴」，「政府の制度的特質と能力」，「政府企業間の調節チャンネル」，「社会的価値観」の４つを挙げている。

規定要因のうち「企業の制度的特徴」と「政府の制度的特質と能力」は，企業と政府の役割分担に直接的な影響を与えるものである。「企業の制度的特徴」では，企業がどのステークホルダーを重視しているかが注目される。影響力の中心にどのステークホルダーが織り込まれているかによって，企業が誰のために統治されるのか，また企業に求められるオブリゲーションがどのように認識されるのかが決まるためだ。

一方，「政府の制度的特質と能力」を性格づけるのは，政府組織のあり方や政策の立案遂行能力，安定性などである。政策立案遂行能力が高く安定性のある政府は，政府企業間関係の「現実的な基盤を提供すると同時に継続性にポジティブな影響を及ぼす」[21]と考えられる。

「政府企業間の調節チャンネル」は，企業と政府の相互作用の場やそれぞれのアクターが互いに関係を持つ頻度を意味する。宮川［2006］においては，業界団体が政府機関とどのような関係性を築いていて，具体的にどのようなやりとりを行っているか等がチャネルの具体例として挙げられている。

「社会的価値観」は，企業と政府とが達成を目指す社会的な成果の内容を規定する前提的な要因である。企業活動は一般的に経済合理性の文脈の中で説明されることが多いが，実際にはその事業を展開している地域の文化的な背景を反映しているものである[22]。そのため，達成を目指す社会的成果の根底を支える社会的価値観として何が重要視されているかを無視することはできない。

⑶ ケーブルテレビ産業における政府企業間関係の規定要因

本書では，宮川［2006］の規定要因をケーブルテレビ産業の分析に適用させるために修正を２点加えた。

１つ目の修正点は，「政府企業間の調整チャンネル」の「政府企業間のインターフェイス」への変更である。一般的に「チャンネル」は外交や政治，経営などにおける交渉窓口を意味し，ケーブルテレビ産業の場合には業界団体がこれに該当する。しかし，企業と政府の接点は業界団体を通した交渉に限定されるものではなく，産業振興政策や規制政策，官民連携事業等も含まれるべきであろう。本書では「チャンネル」を「インターフェイス」へと拡大解釈して，どの程度の種類と数の企業と政府の相互作用の場が存在し，それらがそれぞれどれほどの強度や頻度を有しているかに焦点を当てる。

２つ目の修正点は，「社会的価値観」が広義の言葉であるため，ノーベル経済学賞受賞者でもあるA. センが提唱した潜在能力アプローチ（capability approach）を参考に，これを「是正すべき潜在能力格差」へと置き換える。

A. センによれば，潜在能力（capability）は人が選択できるさまざまな機能（functioning）の集合として定義される。ここでいう機能とは，ある人が価値を見出すことのできるさまざまな状態や行動のことであり，十分な栄養を得ている，避けられる病気にかからないという基本的なものから，コミュニティの生活に参加する，自尊心を持つといったものまで多岐にわたる。すなわち，潜在能力は，ある個人が選択可能な機能をいくら持っているか，ある個人が福祉を達成するための自由あるいは機会や手段をどれほど持っているかを意味する。

また，潜在能力アプローチは，選択するという行為自体を生きる上での重要な一部分とみなすため，ある個人が選ぶことのできる機能が不足していると判断された場合，つまり潜在能力がはく奪された状態であると判断された場合に，それを社会的に保障する手立てが採られる。具体的には，人々の被っている不利益性をより客観的に，けれども可能な限り個別的・総体的に捉えた上で，政府が適切な資源再配分政策を実施するのである[23]。

ケーブルテレビ事業に目を戻してみると，その誕生契機は地上波テレビ信号を受信できない難視聴地域における人々，すなわち都市部の人々に比べて入手できる情報の質や量が劣り，潜在能力がはく奪されている人々の不利益を補完することにあった。無論，時代が移り変わるとともにケーブルテレビによる地域間情報格差の是正が不要になった国や地域もあるが，後述する台湾のように，ケーブルテレビによって支配的多数民族と少数民族の間に存在する情報格差を是正しようと新たに試みた事例が存在することに鑑みれば，政府がケーブルテレビ事業を資源再配分政策の手段として捉えていると考えることはあながち見当違いではないはずだ。

そこで，本書では政府企業間関係の規定要因の１つとして「是正すべき潜在能力格差」を設定し，政府がケーブルテレビ事業によって社会におけるどのような潜在能力格差を是正しようとしてきたのかを検討していく。

以上を踏まえると，ケーブルテレビ産業における政府企業間関係の規定要因は以下のように整理することができる。

《ケーブルテレビ産業における政府企業間関係の規定要因》

(1) 企業の制度的特徴

：ケーブルテレビ事業者とケーブルテレビ産業内外のステークホルダーとの関係性

⑵ 政府の制度的特質と能力

：国家の政治的特徴や政権の安定性

⑶ 政府企業間のインターフェイス

：ケーブルテレビ事業者と政府が互いに関係を持つ場の種類や数，強度，頻度

⑷ 是正すべき潜在能力格差

：政府がケーブルテレビ事業を通じて是正しようとする社会における潜在能力格差

3 本書の研究枠組みと方法

⑴ 分析対象の選択

本書では，ケーブルテレビ事業者の社会的役割の構築過程と影響要因を明らかにするために，日本，韓国，台湾におけるケーブルテレビ事業史を政府企業間関係論的視座から比較分析する。

これらの地域を比較対象分析とした理由は，第１にケーブルテレビ加入率が比較的高いということがある。ケーブルテレビ事業者の社会的役割について論じるにあたり，ケーブルテレビの利用者数が多い，すなわちケーブルテレビが社会一般に受け入れられている地域を分析対象とするべきだと考えた。2017年現在のケーブルテレビ加入世帯率は，日本が52.6%，韓国が44.9%，台湾が60.4%（違法視聴世帯数を含めると80%以上）となっている[24]。

第２の理由は，これら３つの地域におけるケーブルテレビが地域メディアとして誕生しながらも，現在ではそれぞれに異なる社会的役割を担っていることがある。共通の出発点を持つ事例を比較することで，ケーブルテ

レビ事業者の社会的役割がどのように生成・発展・変容・消滅・転換するのか，そのプロセスをよりわかりやすく描き出すことができると考えた。

なお，中国も東アジアに位置し，ケーブルテレビ加入世帯率が高いが，本書の比較対象地域からは除外した。これは中国のケーブルテレビ事業者がインフラの建設と管理のみを行うネットワーク事業者であり，日本，韓国，台湾のように地域メディアという共通の出発点を有していないためである。

(2) 比較歴史分析と批判的言説分析

日本，韓国，台湾のケーブルテレビ産業における政府企業間関係を分析するにあたり，本章第２節で挙げた政府企業間関係の規定要因のうち「企業の制度的特徴」，「政府の制度的特質と能力」，「政府企業間のインターフェイス」については比較歴史分析（comparative historical analysis）を行い，「是正すべき潜在能力格差」については批判的言説分析（critical discourse analysis）を行う。

比較歴史分析という方法論については，カナダの社会学者であるM.ラングが2012年に初めての教科書として『*Comparative-Historical Methods*』をまとめている。それによれば，比較歴史分析は民族誌学や歴史学に代表される事例内分析（within-case method）的方法論を用いて，研究課題となっている因果のメカニズムを解明し，法則定位的な知見に寄与することを目指す方法論であり，社会科学的であること，比較を行うこと，事例内分析を用いること，分析単位が大きいこと，という４つの要素によって特徴づけられる。

通常の民族史学や歴史学が単一の事例を取り上げて出来事の記述や記録を行うものであり，必ずしも因果の解明に寄与する必要がないのに対し，比較歴史分析では複数の事例を取り上げて個別の状況を把握すると同時に，それらの体系的な比較を通じて単一の事例では得ることのできない法則定位的な知見を導出することがあくまで目指される。

ケーブルテレビ事業者の社会的役割の構築過程に政府企業間関係がどのように影響するかという因果メカニズムの解明を目的とする本書においても，従来のケーブルテレビ研究のように日本国内における先進事例を断片的に紹介するという方法論ではなく，比較歴史分析という方法論を用いることが適切だと考える。

具体的には，日本，韓国，台湾という複数の事例を取り上げ，ケーブルテレビ事業者と産業内外のステークホルダーとの関係性（企業の制度的特徴），国家の政治的特徴や政権の安定性（政府の制度的特質と能力），規制政策の内容や政府による支援措置および官民連携事業の頻度（政府企業間のインターフェイス）がどのように移り変わってきたのかを経時的に分析する。これにより，上記の地域におけるケーブルテレビ事業史を把握するとともに，ケーブルテレビ事業者の社会的役割と政府企業間関係に関する法則定位的な知見を導出することが可能になると期待される。

比較歴史分析に必要なデータは文献調査とインタビュー調査によって収集した（**図表2-2**）。インタビュー調査の対象となるケーブルテレビ事業者はその代表性を考慮して選択した。世界的に見ても独立系ケーブルテレビ事業者の数が多い日本では，2011年に実施した全国ウェブアンケート調査の結果[25]，ケーブルテレビ加入世帯率とケーブル・インターネット加入世帯率が特に高かった独立系ケーブルテレビ事業者であるZTVとケーブルテレビ富山に，3地域の中で最もMSO市場占有率が高い韓国では5大MSOのうちの2社であるCJハロービジョンとD'LIVE[26]に，MSO市場占有率が日本と韓国の中間であった台湾では5大MSOの1つである寬頻（kbro）と加入率が最も高い独立系ケーブルテレビ事業者のうちの1つである大豐有線電視にそれぞれ調査に協力していただいた。

図表2-2■インタビュー調査の概要

	実施対象		実施日
日本	地方政府	三重県庁政策部情報政策室	2012年2月8日
		富山県庁情報政策課	2012年6月8日
	ケーブルテレビ事業者	ZTV	2012年2月8日
		ケーブルテレビ富山	2012年6月8日
韓国	規制機関	大韓民国放送通信委員会	①2012年7月24日 ②2014年2月20日
	業界団体	韓国ケーブルテレビ協会	2012年7月24日
	ケーブルテレビ事業者	CJハロービジョン	2012年7月24日
		D'LIVE	2012年7月21日
	有識者	世宗大学 Sohn, Seung-Hye教授	2014年2月20日
台湾	規制機関	国家通信放送委員会	2014年2月25日
	業界団体	台湾ケーブルブロードバンド協会	2014年2月24日
	ケーブルテレビ事業者	kbro	2014年2月24日
		大豐有線電視	2014年2月24日
	有識者	国立政治大学 劉幼琍教授	2014年2月25日

出典：筆者作成。

一方，批判的言説分析はコンテクストや対話の中に現れる社会慣習の一形式としての言語や支配，差別，管理といった権力関係を批判的に分析する学際的なアプローチで，1989年に出版されたN.フェアクラフの『*Language and Power*』やR.ウォダックの『*Language, Power and Ideology*』，1990年に刊行を開始したT.ヴァン・デイク編集の学術誌『*Discourse & Society*』を契機に言説分析の領域における主要な方法論として確立された[27]。

1990年代以降の批判的言説分析の関心領域はメディア言説と社会的現実の関係性やそこにおける不平等あるいは権力の問題へと焦点化しているが，

図表2-3■批判的言説分析のデータ収集源

日本	• 国立国会図書館 • 総務省公式ウェブサイト［http://www.soumu.go.jp/］ ※検索ワード：有線放送，ケーブルテレビ，CATV
韓国	• 韓国国立中央図書館 • 国家記録院ウェブサイト［http://www.archives.go.kr/］ ※検索ワード：유선방송，케이블TV，CATV
台湾	• 国立台湾図書館 • 台湾政府報告情報網［http://gaz.ncl.edu.tw/］ ※検索ワード：有線電視，CATV

出典：筆者作成。

本書ではメディア言説ではなく，政府や規制監督機関がケーブルテレビ事業開始年から2016年までに発行した公的刊行物の言説を分析対象とする。これにより政府がどのような社会問題を潜在能力格差として認識し，それを是正するためにケーブルテレビ事業者に対してどのような社会的役割を与えようとしたのかを分析することが可能になる。さらに，その言説内容が時代とともにどのように変化したかという点にも注目する。

批判的言説分析で用いたデータは国立図書館および政府の公式ウェブサイトやデータベースで収集した（**図表2-3**）。

●注

1 Besanko *et al.*［2000］訳書，50-56頁。
2 Besanko *et al.*，同上訳書，59-62頁。
3 池内［2008］3頁。
4 三戸［2011］6頁。
5 Berle and Means［1932］訳書，4-5頁。
6 櫻井［1986］173-175頁。
7 Dean［1951］訳書，49頁。
8 Berle［1959］［1963］.
9 Galbraith［1973］［1978］.

10 Chandler［1962］［1977］.
11 Drucker［1942］［1946］［1950］.
12 A. A. バーリ，J. K. ガルブレイス，A. D. チャンドラー，P. F. ドラッカーといった大企業論者らの議論については，池内［2008］が４者を比較しながら詳細に論じている。
13 山本［2001］78頁。
14 宮川［2006］88頁。
15 池内，前掲論文，２頁。
16 European Commission（n.d.）.
17 2013年，リコージャパンを筆頭に社内にCSR組織を設置する企業が増大したほか，経済同友会が『第15回経済白書』の主題をCSRとしたことがその背景にある（川村［2004］５頁。経済同友会［2003］）。
18 宮川，前掲論文，90頁。奥野・関口［1996］248頁。なお，Buchholz and Rosenthal［2004］も全体としての社会の代表制という観点からステークホルダー理論を批判し，政府の特殊的重要性を論じている。
19 Drucker［1950］p.37.
20 第３章参照。
21 宮川，前掲論文，96頁。
22 高［2003］13頁。
23 Sen［1985］訳書。Sen［2009］訳書。厚生労働省［2012］27頁。
24 総務省［2018］，未来創造科学部［2017］，文化部［2018］。
25 上原・菅谷・高田・米谷・藤田［2012］。
26 インタビュー調査実施当時の社名はC&Mであったが，2016年４月にD'LIVEへと変更された。本書ではD'LIVEと表記を統一する。
27 Fairclough［1989］p.20.

第3章

ケーブルテレビ事業の経済的特性と政府規制

1　ネットワーク産業としてのケーブルテレビ産業

ケーブルテレビ事業はケーブルテレビ施設と視聴者宅のSTBとをつなぐケーブル網を用いてサービスを提供する。このように「大規模な物理的構築物の体系（ネットワーク）を必要とし，その上でサービスが提供される構造を持つ産業（括弧内筆者）」[1]のことを「ネットワーク産業（network industry）」という。

ネットワーク産業には，送電線を用いる電力事業，導管を用いるガス事業，軌道を用いる鉄道事業など，「有体的」なネットワークを通じてサービスを提供するものと，電波を用いる地上波テレビ放送事業，航空路を用いる航空事業，配送路を用いる郵送事業など，「無体的」なネットワークを通じてサービスを提供するものとがあり，ケーブルテレビ事業はこのうち前者に該当する[2]。

経済学的視点から見た場合，ネットワーク産業の経済的な諸性質は市場の失敗（market failure）をもたらす要因になるとして，同産業に政府規制をかける根拠となってきた。具体的なケーブルテレビ事業規制については後述するとして，ここではまず，ケーブルテレビ事業が有するネットワーク産業としての代表的な経済的特性について説明する。

(1) 規模の経済性

ネットワーク産業はサービスを提供するためにネットワークという設備を必要とする。もちろん，あらゆる財・サービスの取引には何らかの設備を必要とするが，一般的な財・サービスの取引に用いられる流通システムが当該財・サービスの流通以外にも転用可能であるのに対し，ネットワーク産業における設備にはそうした融通が利かない。

たとえば，農家から卸を通じてスーパーへと農作物を配送する際の流通システムは農作物以外の財・サービスの流通にも転用できるが，ケーブル網に流れるコンテンツ規格は一定に管理されており，規格が異なればネットワークに接続することはできないため，ケーブル網をケーブルサービス以外の用途に転用することは困難である。ケーブル網の敷設のために投資した莫大な固定費は，回収のできない埋没費用（sunk cost）と化す[3]。

このように大規模な固定費を必要とする産業では，大量生産をすればするほど平均費用が右下がりとなり，生産効率が上昇する規模の経済性（economies of scale）が発生する。それゆえ複数の企業で需要を共有して各企業がそれぞれに固定費を賄うよりも，単一の企業が需要を独占したほうが総費用は小さく効率的な生産となるため，自然独占（natural monopoly）市場が形成される。

自然独占市場において事業を市場競争に委ねると，競争の過程で類似する機能を持つ設備に対して重複投資が行われて生産活動が非効率化する可能性がある。また，独占が成立してしまえば，企業は利潤最大化を目指して価格を吊り上げたり，生産量を抑制したりするため，生産と分配の効率性は損なわれてしまう。それゆえ，ネットワーク産業においては政府規制の下で事業を行い，政府が事業者の独占を認める代わりに参入・退出規制や料金規制等を課すことで，設備投資の重複や独占による価格高騰を回避したほうが望ましいと考えられてきた。

⑵ 補完性

ネットワーク産業では，それぞれの設備が補完的な関係にあるため，どれか１つを独立に取り出して十分なサービスを提供することはできない[4]。ケーブルテレビ事業でいえば，ケーブル網やそれを流れるコンテンツ，視聴者宅のSTBはどれもそれぞれに適合する規格を維持している必要があり，どれか１つでも規格に沿わないものがあれば，ケーブルサービスを提供することは不可能となる。

このような補完性のある財・サービスは，「システムとして一体で消費されることが望ましいことから，異なる経済主体が別々に補完性のある財・サービスを提供するよりも，同じ経済主体に提供させたほうが，経済学的な観点から効率的」[5]であると考えられている。

⑶ ネットワーク効果

ネットワーク産業では，財・サービスの利用者が他の利用者の財・サービスの価値に影響を与えるネットワーク効果（network effect）が現れる。需要者側での規模の経済性が働き，同じ財・サービスを利用する人の数が増加したときに当該・サービスから得られる便益が増加する場合には正のネットワーク効果が働いているといい，当該・サービスから得られる便益が減少する場合には負のネットワークが働いているというが，いずれも市場の失敗の原因となる。

また，ネットワーク効果には直接的ネットワーク効果（direct network effect）と間接的ネットワーク効果（indirect network effect）とがある。直接的ネットワーク効果は，ネットワークの規模がそのまま需要者にとっての利用価値を左右する効果のことを指し，代表的な例としては電話事業がある。加入者が１人しかいない電話網には価値がないが，ここに新たな加入者が加われば加わるほど通話可能な相手が増え，電話網自体の利用価値も増加していく。

一方，間接的ネットワーク効果は，ある財・サービスのネットワークが拡大することで当該財・サービスと補完性のある財・サービスが数多く生み出され，結果的に元の財・サービスの価値が向上することをいう。

たとえば，コンピュータ向けOSではアップル社のマッキントッシュよりもマイクロソフト社のウィンドウズのほうが普及しているが，ソフトウェア事業者はより多くの販売が見込まれるウィンドウズ向け製品を優先して開発・販売するため，市場には多種多様なウィンドウズ向けソフトウェアが提供されることになる。ユーザはウィンドウズを搭載したコンピュータであればより多くの選択肢の中からソフトウェアを選択できるという便益があるため，コンピュータのOSとしてウィンドウズを選択するようになり，その結果ウィンドウズの普及はさらに促進される。

加入者の多いケーブルテレビ事業者ほどより多くのチャンネル数やサービスの種類を提供する可能性が高いため，ケーブルテレビ市場においては，間接的ネットワークが機能していると考えられる。

2 ケーブルテレビ事業に対する政府規制

ケーブルテレビ事業に課されてきた政府規制は，番組内容規制と構造規制の２つに大別することができる。

世界初のケーブルテレビは1940年代後半の米国において地上波テレビ放送の難視聴対策として誕生したといわれているが，これは一部例外諸国を除く世界の多くの国や地域においても同じで，大部分のケーブルテレビ事業が地上波テレビ放送難視聴の救済手段として開始した。このような事業内容の公益性の高さや放送が持つ社会的影響力の大きさを考慮して，番組コンテンツの適切化を図るために実施されるのが番組内容規制である。同規制は番組コンテンツが法や公序良俗に触れないことを担保するもので，その多くはケーブルテレビ事業だけではなく，その他の放送事業にも適用される。

日本の場合だと，公安および善良な風俗を害しないこと，政治的に公平であること，報道は事実をまげないですること，意見が対立している問題については，できるだけ多くの角度から論点を明らかにすることの４つの原則からなる番組準則や，番組基準の策定，訂正放送の実施，放送番組審議機関の設置等が代表的なものとして挙げられよう。

ただし，国によっては，ケーブルテレビ事業者にサービス提供エリアにおけるすべての地上波テレビ放送を再送信することを義務付けるマスト・キャリー規則や，非商用のパブリックアクセス・チャンネルの設置を義務付けるパブリックアクセス規則，地域情報の提供に特化した自主放送チャンネルの設置・運営を義務付ける地域チャンネル規則など，ケーブルテレビ事業だけに課す規制を設けている場合もある。

一方，構造規制は，ケーブルテレビ事業の経済学的特性を根拠に，サービスの安定的供給の必要性や規模の経済への対応，産業の保護・育成の観点から事業者の資本や経営構造に働きかけ，政府がケーブルテレビ事業者の営利活動を制限することで間接的に事業の適切性を確保しようとするものである。

代表的なものとしては，参入規制がある。これは，政府が区域ごとに参入可能なケーブルテレビ事業者数を制限するもので，多くの場合，１区域にケーブルテレビ事業者１社のみの参入が認められていた。その他の規制としては，自然独占状態にあるケーブルテレビ事業者がサービスの提供を休止あるいは廃止した場合に加入者が被る損失に鑑み，サービスの休止や廃止について条件を設ける退出規制や，サービスが適正な料金で提供され，特定の者に対して不当な差別的取扱いがなされないことを目的に課される料金規制がある。

さらに，少数の者によりケーブルテレビ事業が支配されることを防ぎ，できるだけ多くの者が表現の自由を享受できるようにするために所有規制が課される場合もある。具体的なものとしては，同一地域における複数メディアの同時所有を禁じる相互所有規制，ケーブルテレビ事業者の加入者数に上限を設ける水平的所有規制，外国資本や地元資本による投資割合を定める出資規制などが挙げられる。

3 ネットワーク産業における規制緩和

上述したような政府規制は，米国でニューディール政策が実施されて以降，市場の失敗を是正ないしは予防するために進められてきた。しかし，1970年代後半に入ると，政府規制が経済活動活性化の障害になるという政府の失敗（government failure）を指摘し，政府規制の緩和や撤廃を求める声が米国や英国を中心に高まり始めた[6]。

米国ではカーター政権（1977年1月～1981年1月）とレーガン政権（1981年1月～1989年1月）の下で，英国ではサッチャー政権（1979年5月～1990年11月）の下で，それぞれ各種民間事業に対する政府規制の緩和が展開されたが，ネットワーク産業に対する構造規制の緩和のきっかけとなったのは米国の航空産業における規制改革であり，その理論的根拠となったのは経済学者であるW. J. ボウモルらによって打ち出された「コンテスタビリティ理論（contestability theory）」である。

ボウモルらは，既存事業者と潜在的参入事業者との間に需要条件や費用条件の格差が存在せず，事業者が市場から退出する際に回収不能な埋没費用も存在しない，市場への参入・退出が自由な市場のことを「コンテスタブル（競争的な）市場（contestable market）」と呼び，そのような市場においてはたとえネットワーク産業といえども参入・退出規制は不要であると主張した。

なぜなら，コンテスタブル市場では既存事業者が超過利潤を獲得しようとしても新規参入事業者が電撃的に参入・退出（hit and run）して利潤を奪うので，既存事業者が超過利潤を享受することはなく，潜在的参入圧力によって，自動的に社会厚生上望ましい資源配分が実現すると考えられたためである[7]。

これを受けて，米国では実際に「航空規制緩和法（Airline Deregulation Act，1978年）」が制定され，安全性に関する規制を除いて，参入規制や料金規制といった構造規制のすべてが撤廃されることになった[8]。このような動きは米国国内にとどまらず，1980年代に多くの先進国に広がった後，1990年代には世界的潮流にまでなり，世界のネットワーク産業における規制改革に多大な影響を与えていった[9]。

日本においては，1981年に臨時行政調査会が内閣総理大臣の諮問機関として設置されたことで行政改革の一環として規制緩和を行う動きが生まれた。1992年６月には臨時行政改革推進審議会が『国際化対応・国民生活重視の行政改革に関する第３次答申』において「競争的産業における需要調整の視点から参入・設備規制については，原則として，10年以内のできるだけ早い時期に廃止の方向で検討する」としたことで，放送事業を含むさまざまな事業分野における規制緩和措置の具体的な方向性が示されることになった。

当然，ケーブルテレビ事業においても構造規制が事業者の経営効率を悪化させているのではないかという議論が起こり，1993年12月，旧郵政省は「CATV発展に向けての施策」をまとめて規制緩和政策を発表した。その結果，１区域にケーブルテレビ事業者１社のみの参入を認めるサービス区域制限が緩和されたほか，ケーブルテレビ事業者がサービス区域に活動の基盤を有することを求める地元事業者要件や外資規制が撤廃された。

しかし，その後，規制を緩和したにもかかわらず米国航空事業で事業者の破産や合併，市場退出が続き，再び市場の寡占化が進んだことで，コンテスタビリティ理論の頑健性を疑問視する批判的実証研究が次々に発表された[10]。そのため，現在ではコンテスタビリティ理論に基づいた規制緩和論が聞かれることはほとんどない。とはいえ，同理論の登場によってネットワーク産業の経済的分析や規制改革が行われるようになったことを考えると，その功績は大きかったといえる。

●注

1 林［1994］6頁。
2 江副［2002］7頁。大橋［2014］18頁。Economides［2006］p. 96.
3 大橋，同上論文，18頁。
4 大橋，同上論文，21頁。
5 大橋，同上論文，21頁。
6 山口［2009］2頁。
7 Baumol *et al.*［1982］. Baumol *et al.*［1983］. Baumol and Willing［1996］. 依田［2001］7-8頁。
8 米国航空産業における規制緩和をめぐる議論については，Dempsey and Andrew［1992］，高橋［1999］，塩見［2006］が詳しい。
9 塩見［2009］6頁。
10 Peterson and Glab［1994］，Morrison and Winston［1995］，長谷川［1997］によれば，規制緩和後の米国航空産業の業績は，①旅客をハブ空港へ集め，乗り換えによって最終目的地へと運ぶ「ハブ・アンド・スポーク・システム（hab and spoke route system)」という新しい経営戦略が登場したことで，市場は再び高度に寡占化した，②運賃は規制緩和前（1976年）の約3分の2にまで落ちたが，運賃の下落傾向は規制緩和前から確認されており，この下落が規制緩和を要因とするものかは定かではない，③大部分の航空事業者の経営業績が規制緩和後に極端に悪化したという3点にまとめられる。このように規制緩和の意図に反して航空市場が再寡占化したことで，わずかでも埋没費用が存在する場合にはコンテスタブル理論の命題は成立しなくなることが実証され，コンテスタビリティ理論の頑健性は否定されてしまったのである。

第4章

日本における
ケーブルテレビ事業

1 ケーブルテレビ制度の本格的導入

(1) 放送のはじまり

日本では1908年に逓信省式無線電信機が発明され，1915年に「無線電信法」が施行された後，1925年に社団法人東京放送局の地上波ラジオ放送が開始したことで，放送サービスの提供が実現した。地上波テレビ放送は，第2次世界大戦後，「放送法」[1]の施行に基づいて設立されたNHKと一般放送事業者である日本テレビ放送網とによって1953年に開始した。これらの無線放送には「放送法」と「電波法」が適用された。

一方，有線ラジオ放送は，1937年に新潟県東頸城郡牧村（現・上越市）にある明願寺に置かれたラジオから10m離れた理髪店まで配線を引き，受信した音声をスピーカーで放送したのがはじまりといわれており，1951年に施行された「有線放送業務の運用の規制に関する法律」が適用された。

有線テレビ放送，すなわちケーブルテレビ放送は，地上波テレビ放送が開始してから2年後の1955年，群馬県伊香保温泉街にNHKが地上波テレビ放送の難視聴対策として共同受信施設を設置したことで幕を開けた。ケーブルテレビ事業のサービス面については「有線放送業務の運用の規制に関する法律」，施設面については「有線電気通信法」が適用され，設備の設置と業務の開始はいずれも届出制がとられた。

ところが，ケーブルテレビ施設の設置を届出制のままにしておくと「長期安定的に良好なサービスを提供できないような事業者によって，住宅密集区域など経営効率の良い区域だけを対象として，いわば虫食い状に，局地的にサービスを提供するという既成事実が形成され，普遍的に適正な条件でサービスが提供されることが期待されなくなるなど，受信者の利益がはなはだしく損なわれる」[2]との懸念が生まれ，行政介入を必要とする瑕疵があることが確認された[3]。

そこで旧郵政省はケーブルテレビ施設の設置を許可制にするほか，ケーブルテレビ事業を地域性を重視した構造規制によって制御・調整する「有線テレビジョン放送法案」を1971年３月，第65回国会に提出した。同法案は1972年７月１日に公布され，これによりケーブルテレビ事業にかかわる法制度が初めて本格的に整備された[4]。

⑵ 有線放送制度の本格的整備

「有線テレビジョン放送法」では，番組内容規制として，自主放送番組の編集に対する「放送法」の準用（第17条），難視聴地域におけるすべての地上波テレビ放送の再送信の義務付け（第13条），空きチャンネルの外部解放（第９条，第10条）等が規定された。また，構造規制としては，参入規制（第３条第１項，第12条），退出規制（第11条，第18条），料金規制（第13条第１項，第14条，第15条），ケーブルテレビ事業からの「外国性の排除」（第５条第１項～第４項）等が規定された。

ケーブルテレビ事業者の参入許可基準としては，引き込み端子数501以上の規模のケーブルテレビ施設の設置に対して，施設計画が合理的で実施が確実であること，省令で定める技術基準に適合すること，経済的基礎および技術的能力を有すること，施設の設置がその地域における自然的，社会的，文化的諸事情に照らし必要かつ適切であることという４つの許可基準を設けられた（第４条）。また，ケーブルテレビ事業の地域性に鑑み，参入許可審査の際には地方公共団体の意見を聞くことも求められた。

さらに，1980年代中頃には「地元事業者要件」と「一本化調整指導」が審査項目に追加された。地元事業者要件とは，地元に活動の基盤を有する者がケーブルテレビ事業者の経営母体となるよう，地域内の出資者が資本金の過半数を持つことを求める資本規制で，一本化調整指導とは，ケーブルテレビ事業の自然独占性に鑑み，1市町村に1局というふうに地元で設備申請を一本化することを求めるものである[5]。

「有線テレビジョン放送法」には1区域に2つ以上のケーブルテレビ施設が設置されることを排除する直接の規定は存在していなかったが，参入許可審査項目が改正されていくなかで，ケーブルテレビ事業者の実質的な地域独占体制が確立していったのである。

2 多摩CCIS実験と進む地域メディア化

(1) 多摩CCIS実験の概要

時を同じくして，旧郵政省は1972年，「同軸ケーブル情報システム（Coaxial Cable Information System：CCIS）調査会」を省内に設置し，1973年から「多摩CCIS実験」を開始している。1960年代後半から米国で活発に議論されるようになった「有線連結都市（Wired City）構想」[6]に触発され，1970年代の日本においてもケーブル網の多目的利用に向けた動きが見られるようになったが，その皮切りとなったのがこの多摩CCIS実験である。

旧郵政省はCCIS[7]を電気やガス，水道などのライフラインの一環として設置し，それを用いた新サービスを東京都の多摩ニュータウンの居住者を対象に実験的に提供することで，ケーブルテレビが地上波テレビ放送の再送信以外のサービスを提供できる可能性や地域住民のニーズについてケーブルテレビ事業の将来的な展開可能性を模索した[8]。

多摩ニュータウンで提供された新サービスには，自主放送のほか，地方公共団体や住宅管理組合からのお知らせをファクシミリ機で送信する住民告知用メモ・コピーサービス，地域ニュース等の文字情報をテレビ画面上に表示するフラッシュ・インフォメーション・サービス，自主放送開始の合図や緊急告知連絡を家庭で親テレビを見ている状態でも見ていない状態でも子テレビを通じて放送する自動告知選局親子テレビサービス[9]等，地域生活の利便性向上を意識して開発されたものが多く，現在の地域メディアとしてのケーブルテレビの黎明をここに見ることができる。

⑵ ケーブルテレビ事業への支援措置

その後，多摩CCIS実験を評価するために設置されたCCIS実験調査評価検討会が1978年に発表した「多摩CCIS実験報告書」の中で，CCISを地域性を中心としたコミュニティ・コミュニケーション情報システムとして捉え，地方公共団体の積極的な参加を要請する提言をまとめると，この提言を契機に省庁横断的かつ地方公共団体をも巻き込んだケーブルテレビ支援制度が地域情報化政策の枠組みの中で数多く立ち上がることになった[10]。

地域情報化政策とは，「一定地域内に情報通信ネットワークを構築し，それを通じて地域内の情報流通を活発化させ，地域の情報発信能力を増大させることにより地域振興を図ろうとする」[11]政策の総称で，日本では1980年代前半から実施されてきた。当初はまだ地域情報化の取り組みについて政府としての統一見解は形成されておらず，旧郵政省を中心として，旧通商産業省，旧自治省，旧建設省，農林水産省，旧国土庁などの中央省庁がそれぞれ独自の取り組みとして地域情報化政策を行っていたが（**図表4-1**）[12]，ケーブルテレビは地域活性化や地域振興を実現するための有効的手段としていずれの省庁からも広く注目を浴びた。

ケーブルテレビ事業者に対する支援制度は，財政面におけるもの，金融面におけるもの，税制におけるものに大別することができる。このうち財政面での代表的な支援措置としては，旧郵政省の「テレビ放送共同受信施

図表４-１■1980年代における地域情報化政策

名称	所管省	開始年度	主な支援措置
テレトピア構想	郵政省	1983	無利子融資，低利融資
ニューメディア・コミュニティ構想	通商産業省	1983	無利子融資，低利融資
インテリジェント・シティ構想	建設省	1985	無利子融資，低利融資
グリーントピア構想	農林水産省	1986	無利子融資，低利融資
情報化未来都市構想	通商産業省	1986	民活法による財政支援
ハイビジョン・シティ構想	郵政省	1988	無利子融資，低利融資
ハイビジョン・コミュニティ構想	通商産業省	1989	無利子融資，低利融資

注：発表順。ただし，グリーントピア構想と情報化未来都市構想の順序は不明。
出典：藤本［2009］72頁。

設設置費補助制度」がある。これは辺地の難視聴地域における受信施設に対する補助金制度で，1979年から1983年度までの５年間に総補助金額約10億円が交付された。

また，旧郵政省以外でも，旧自治省がケーブルテレビの普及促進を目的に省内に「地域情報化推進議会」を設置し，1989年から公共情報チャンネルで公共情報番組を放送している市町村に対して番組制作等に要した経費について特別交付税を交付した[13]。

農林水産省も1978年に「農村多元情報システム（Multi-Purpose Information System: MPIS）構想」を打ち出している。一般的に「多元的に情報を収集，処理，提供しようとする農村CATV型情報システム」と定義付けられるMPISであるが，MPIS構想を「農村生活全般を支えるインフラストラクチャーとして，CATVを軸とした新しい情報システムを建設しようとするもの」と言い換える山田［1988］の定義がよりわかりやすいだろう。農林水産省からの補助金を受けて建設されたMPIS施設は，地方公共団体や農業共同組合といった公共部門の主導による「村づくり」の一環として捉えられていた[14]。

一方，金融面におけるケーブルテレビ支援措置としては，「未来型コミュニケーション・モデル都市構想（通称テレトピア構想）」の指定地域における第三セクターのケーブルテレビ事業者に対して日本政策投資銀行（創設当初は日本開発銀行）等による無利子融資を実施する「テレトピア指定地域におけるケーブルテレビ事業者に対する無利子融資」（1983年）や，放送事業を行ったり共同デジタル・ヘッドエンドを取得したりしているケーブルテレビ事業者に対して，日本政策投資銀行等から市中金利よりも安い政策金利で融資を実施する「放送ケーブルテレビ・システム整備事業」（1984年）が実施された。

また，ケーブルテレビの普及による地域間情報格差の是正や地域情報流通の円滑化を目的に，番組共同制作業務，番組配信業務，番組情報提供業務，番組補完・視聴業務のすべての業務を行う事業者に対して，日本政策投資銀行等による無利子融資や通信・放送機構を通じた産業投資特別会計化の出資を実施する「有線テレビジョン放送番組充実に対する無利子融資及び出資」（1992年）もあった。

税制面におけるケーブルテレビ支援措置は，企業一般に対する税制特別措置をケーブルテレビ事業者に適用したものと，ケーブルテレビ事業者のみを対象とした税制特別措置の２つに大別される。前者では，「各種基金に対する負担金の損金算入制度」[15]，「メカトロ税制」[16]，「圧縮記帳制度」[17]，「中小企業等基盤強化税制」[18]，「固定資産税の軽減措置」[19]，「事業所税の軽減措置」[20]がそれぞれ適用された。後者には，電線類地中化設備について，国税は取得価額の一部を特別償却，地方税は地中化された電線類の固定資産税を一部軽減する「電線類地中化税制」等がある。

なお，「多摩CCIS実験」に触発されて旧郵政省以外の省庁がケーブルテレビ利用実験を実施したケースもある。たとえば，旧通商産業省が1978年から1986年にかけて実施した「ハイオービス映像情報システム（Highly-interactive Optical Visual Information System: Hi-OVIS）実験」はその典型例だといえる。

同実験は世界初のケーブルテレビによる完全双方向機能の映像情報システムの利用実験で，Hi-OVISによる地域コミュニティの確立，情報選択の主体性の確立，生涯教育への寄与，地域福祉社会への貢献を開発理念に掲げ，双方向テレビ，ビデオ・オン・デマンド（Video on Demand：VOD），ホームショッピング，ホームセキュリティ等のサービスを実験的に運用した。その先進的な取組みからA. トフラーが1980年に出版した『第三の波(The Third Wave)』において未来社会の一例として紹介されている[21]。

3 規制緩和による地域独占体制の解消

(1) 規制緩和の概要

日本においてケーブルテレビ事業に対する構造規制が緩和される契機となったのは，米国や英国におけるネットワーク産業に対する規制緩和や撤廃を求める声の高まりに加え[22]，1993年に発足した米国クリントン政権が打ち出した「全米情報基盤（National Information Infrastructure：NII）構想」である。

クリントン政権がNII構想のもとで全国的な情報インフラ整備に着手し，米国ケーブルテレビ業界がNII構想のインフラ整備を担うことを宣言して多くの投資を集めると[23]，世界的に情報通信基盤整備の機運が高まり，日本においてもケーブルテレビを地域における中核的な情報通信基盤として発展していくことを可能とするような制度改正が行われた。1993年12月，旧郵政省は「ケーブルテレビの発展に向けた施策」と題する規制緩和策を発表し，これによってケーブルテレビ産業における構造規制の方向性を規制緩和へと転じたのである。

具体的には，１区域１施設とする営業地域規制を緩和するために地元事業要件と一本化調整指導がそれぞれ1993年12月と1994年９月に廃止された。これにより，MSOや複数行政区域をサービス提供エリアとするケーブルテレビ事業者が登場し，ケーブルテレビ事業の広域化と事業規模の拡大が実現した。また，「ケーブルテレビは，地上波放送などのような電波の有限性希少性がない，自主放送のウェイトが小さく，言論機関の色彩は地上波放送などに比べて高くない，資金調達方法の多様化を図ることが望ましい」[24]等の理由から，外資規制も1994年10月から順次緩和されていき，最終的には1996年６月にすべて撤廃された。

その後2010年に，通信と放送の融合のさらなる進展に対応できるよう60年ぶりに放送関連法規の改正が実施された結果，「有線ラジオ放送業務の運用の規正に関する法律」，「有線テレビジョン法」，「電気通信役務利用放送法」の廃止および「放送法」への統合，「有線放送電話に関する法律」の廃止および「電気通信事業法」への統合と，放送法制の一本化と電気通信事業法制の一本化がそれぞれに実施され，現在に至っている。

(2) 地域性重視のケーブルテレビ政策

1990年代にケーブルテレビ産業における大幅な構造規制緩和が実施されたとはいえ，「多摩CCIS実験報告書」で強調されたようなケーブルテレビ事業の地域性が軽視されたわけではない。旧郵政省と総務省は規制緩和を行う一方で，ケーブルテレビ事業者と地域社会との絆をより強固なものにするような政策方針を発表し続けていたのである。

代表的な政策方針としては，「CATVの将来イメージに関する調査研究会報告書（1992年）」，「2010年代のケーブルテレビの在り方に関する研究会（2007年）」，「ケーブルビジョン2020+ ～地域とともに未来を拓く宝箱～（2017年）」などで示されたものがある。いずれの報告書においても，ケーブルテレビ事業者が地方公共団体等と連携・協働しながら地域住民の多様なニーズに応え，地域社会を支えることが肝要であるとの見解が示された。

なお，上述の報告書に呼応するように，1990年代以降も地域情報化政策の枠組みの中でケーブルテレビ支援策が打ち出されている（**図表４-２**）。ここで注目すべきなのは，先端技術の導入を基調としていた1980年代の地域情報化政策とは異なり，1990年代以降の地域情報化政策が全国的に均一な情報化を推進し，地域間の情報通信格差の是正を目指す方向性を採用したため，地方公共団体の裁量範囲が拡大したことである[25]。

これにより，1990年代以降は地方公共団体が地域情報化計画を策定するようになったほか，ケーブルテレビ事業者と地方公共団体とが戦略的なアライアンス関係を構築する事例も多く見られるようになった[26]。特に多い官民連携事業のパターンとしては，地方公共団体が敷設した伝送路を活用してケーブルテレビ事業者がサービスを提供するものや，ケーブルテレビ事業者が地方政府のPR活動を支援するものがある。

4 ケーブルテレビ産業をめぐる言説

これまで見てきたように，日本においては，政府とケーブルテレビ事業者の二人三脚でケーブルテレビ事業が展開してきた。しかし，日本政府はケーブルテレビ事業を通じて具体的にどのような社会的潜在能力格差を是正しようと考えていたのだろうか。以下では，1974年から2016年までの各年に発行された『通信白書』と『情報通信白書』に基づいて，ケーブルテレビ産業をめぐる政府の言説を時系列に従って整理していく。なお，1974

図表4-2 ■1990年代以降のケーブルテレビ事業者に対する支援措置

財政面における支援措置

- **都市受信障害解消施設整備事業**
  高層ビル等によって都市部における難視聴が出現したことを受け，受信障害の解消に取り組む地方公共団体に対して交付金を交付する。（1993年開始）
- **新世代地域ケーブルテレビ施設整備補助事業**
  市町村または第三セクターのケーブルテレビ事業者を対象に，新規ケーブルテレビ施設の設置，既存施設の光ファイバー化やデジタル化，インターネットサービスの提供など，ケーブルテレビ・サービスの高度化のための投資に対する補助金制度。（1994年開始）
- **地域ケーブルテレビネットワーク整備事業**
  災害時の情報伝達手段の確保を目的に，市町村または第三セクターのケーブルテレビ事業者のケーブル網の監視制御機能の強化や老朽化した既存幹線の更新を支援する補助金制度。（2013年開始）
- **4K・8K時代に対応したケーブルテレビ光化促進事業**
  災害時などの確実かつ安定的な情報伝達の確保や4K・8Kの送受信環境の確保を目的に，市町村，市町村の連携主体または第三セクターのケーブルテレビ事業者の過半数以上（約3,000万）の世帯に普及するケーブル網について，その光化等を支援する補助金制度。（2017年開始）

金融面における支援措置

- **高度有線テレビジョン放送施設整備事業に対する無利子融資・低利子融資および特別融資**
  ケーブルテレビ施設の広域化や高品質化のために必要となる設備を取得する際に，日本政策投資銀行等から無利子融資，低利子融資，特別融資を実施する。低利子融資はすべてのケーブルテレビ事業者を対象とするが，無利子融資は第三セクターの事業者のみを対象とする。（1993年開始）
- **ケーブルテレビ広域デジタル化事業**
  デジタル放送への対応を目的としたケーブルテレビ事業者同士の合併や共同デジタル・ヘッドエンド保有会社設立のために必要となる資金について，日本政策投資銀行等が補助的に出資する。（2001年開始）
- **財投によるケーブルテレビ事業者に対する支援**
  中小企業等に該当するケーブルテレビ事業者が4K化に要する設備投資を行う際に，日本政策金融公庫による金融支援を実施する。（2015年開始）
- **中小企業等経営強化法によるケーブルテレビ事業者への支援**
  資本金が5,000万円以下または従業員数が100人以下のケーブルテレビ事業者が，設備投資や人材育成など，経営力を向上するために実施する計画（経営力向上計画）を作成し，総務大臣の認定を受けた場合，日本政策金融公庫等が低利子融資を実施する。（2016年開始）

税制面における支援措置

(1) 企業一般に対する税制特別措置がケーブルテレビ事業に適用されたもの

- **中小企業などの経営強化法によるケーブルテレビ事業者への支援**
  資本金・出資額が1億円以下の会社・法人または資本・出資を有しない従業員数が1,000人以下のケーブルテレビ事業者に対して，固定資産税の軽減措置や中小企業経営強化税制を適用する。（2017年開始）

(2) ケーブルテレビやテレコム関係を対象とした税制特別措置

- **電気通信システム信頼性向上促進税制**
  電気通信システムの信頼性を向上させる施設の整備を促進させることを目的に，非常用電源装置の固定資産税の課税標準を一定期間軽減する制度。（1993年開始）
- **高度有線テレビジョン放送施設整備促進税制**
  高度有線テレビジョン放送施設整備事業を実施する認定事業者が光ファイバーケーブルおよびデジタル送信用光伝送装置を取得した場合に，国税は取得価額の一部を特別償却，地方税は課税標準を一定期間軽減する制度。（1995年開始）
- **広域加入者網普及促進税制**
  広域加入者網に対する設備投資の促進を目的に，ケーブルモデムの固定資産税の課税標準を一定期間軽減する制度。（2001年開始）

出典：筆者作成。

年から2000年にかけて旧郵政省が発行したものが『通信白書』，2001年以降に総務省が発行しているものが『情報通信白書』である。

「有線テレビジョン放送法」が施行された翌年の1974年に発行された日本初の『通信白書 昭和48年版』では，ケーブルテレビ事業者のサービスエリアが１つの「コミュニティ」としてみなされており，ケーブルテレビを基盤としたコミュニティ・ネットワークの形成を通じた「コミュニティづくり」が目指されている。ケーブルテレビをコミュニティ・ネットワークの基盤とする言説は，1974年発行の『通信白書 昭和48年版』から1980年発行の『通信白書 昭和55年版』まで継続して見受けられる。

《通信白書 昭和48年版》

「…地域社会に即した情報，より具体的，個別的に生活利便をもたらす情報等に対するニーズが高まりつつあるとともに，更に情報システムについても受け手が必要とする情報を能動的に選択できるシステムの出現が期待されている。このようなコミュニティづくり，あるいは新たな情報ニーズに応ずるためには，特定地域を対象とするコミュニティ・ネットワークの形成整備が必要となるが，その基盤となるものにCATV及び有線放送電話がある（下線部筆者）」

出典：郵政省［1974］『通信白書 昭和48年版』

1985年に「電気通信事業法」が施行され，ケーブルテレビ事業者が第一種電気通信事業者として通信市場に参入できるようになると，『通信白書』においてもケーブルテレビ事業者の通信サービスに関する言説が現れる。ただし，1985年発行の『通信白書 昭和60年版』や1987年発行の『通信白書 昭和62年版』にもあるように，ケーブルテレビ事業者の通信サービスはあくまでも「地域」という文脈の中で語られており，ケーブルテレビ事業者の通信サービスを活用して「地域密着型の情報通信基盤」を整備し，それによって「大都市と地方との文化・情報格差の是正」や「地域文化・教育の向上」を目指す方針が明言されている。このような内容の言説は，1990年代後半まで続く。

《通信白書 昭和60年版》

「今後進展する高度情報社会において，地域に密着した通信メディアとして発展が期待される有線テレビジョン放送の高度利用を図るため，郵政省は，60年３月から筑波研究学園都市において『高度総合情報通信システム』の運用試験を実施している」

出典：郵政省［1985］『通信白書 昭和60年版』

《通信白書 昭和62年版》

「CATVは，高度情報社会における地域密着型の情報通信基盤として重要な役割を果たし，その普及促進は内需拡大にも貢献するものと期待されている」

「CATVは従来，難視聴対策に大きな効果を上げてきたが，それに加えて，地域文化・教育の向上という新しい効果を上げ始めている」

出典：郵政省［1987］『通信白書 昭和62年版』

2000年代半ばに入りケーブルテレビ事業者によるトリプルプレイ・サービスが本格的に普及すると，それまでの「地域密着型の情報通信基盤」という言説は「地域の総合的情報通信基盤（下線部筆者）」や「地域の総合的情報通信メディア（下線部筆者）」へ変化する。なお，2010年代の『情報通信白書』ではケーブルテレビ事業の役割や機能に関して具体的なイメージや方針を示す言説は見受けられなくなったが，ケーブルテレビ事業を「地域」を支える「総合的な情報通信基盤」とする見解に変わりはない。

《情報通信白書 平成20年版》

「我が国のケーブルテレビは，発足から50年が経過し，最近では多チャンネル放送，地域に密着したコミュニティチャンネルに加え，インターネットサービス，IP電話等の通信サービスの提供にも活用されており，ケーブルテレビは地域の総合情報通信基盤に成長しているところである」

出典：総務省［2008］『情報通信白書 平成20年版』

《情報通信白書 平成28年版》

「デジタル化されたケーブルテレビ施設は，テレビジョン放送サービスのほか，インターネット接続サービス及びIP電話サービスというトリプルプレイサービスを提供する地域の総合的情報通信基盤となっている」

出典：総務省［2016］『情報通信白書 平成28年版』

一方，旧郵政省および総務省が刊行した調査研究報告書におけるケーブルテレビ事業者の社会的役割に関する言説を見てみると，ケーブルテレビ事業者と地方公共団体とを結びつけるような言説が散見され，政府がケーブルテレビ事業の地域性に言及する際の「地域」という言葉が地方公共団体の行政区域を念頭に置いていることがうかがえる。

《多摩CCIS実験報告書》

「CCISをハードウェア中心の発想から地域性を中心としたコミュニティ・コミュニケーション情報システムとしてとらえ直す」

「地方自治体の参加を積極的に要請し，情報源としての機能以上の役割を担ってもらう（下線部筆者）」

出典：生活映像情報システム開発協会生活情報システム開発本部業務部編［1978］『多摩CCIS実験報告書』

《CATVの将来イメージに関する調査研究会報告書》

「衛星放送は全国一円の広域放送サービスが本質であり，地上放送は都道府県域を放送対象地域とすることを基本としている。一方，CATVは最も地域に密着した放送を担うものとして，その役割が期待されている（下線部筆者）」

出典：CATVの将来イメージに関する調査研究会編［1992］『CATVの将来イメージに関する調査研究会報告書』

《2010年代のケーブルテレビのあり方に関する研究会報告書》

「ケーブルテレビが果たしうる『公共的役割』について，大胆に整理すれば，①地方公共団体と連携して地域住民に行政サービスを提供する役割，②地域・コミュニティに必要とされる地域情報を提供する役割，③地域・コミュニティに対して誰もがアクセスできるオープンな『場』を提供する役割に大別されるものと考えられる」

出典：総務省［2007］『2010年代のケーブルテレビのあり方に関する研究会報告書』

5 ケーブルテレビの現況

(1) ケーブルテレビ産業の全体像

2018年３月現在，日本には504社のケーブルテレビ事業者があり，それらの内訳は第３セクターが219社（43.5%），地方公共団体が183社（36.3%），営利法人が76社（15.1%），公益法人が３社（0.6%），その他が23社（4.6%）となっている（**図表４-３**）。

MSOは，ジュピターテレコム（J:COM）（26社），コミュニティネットワークセンター（CNCi）（11社），TOKAIケーブルネットワーク（８社），コミュニティケーブルジャパン（CCJ）（３社）の４グループ（計48社）が設立されており，J:COMがケーブルテレビ市場の52.2%，CNCiが5.6%，

図表４-３■ケーブルテレビの運用主体別事業者数（2018年３月）

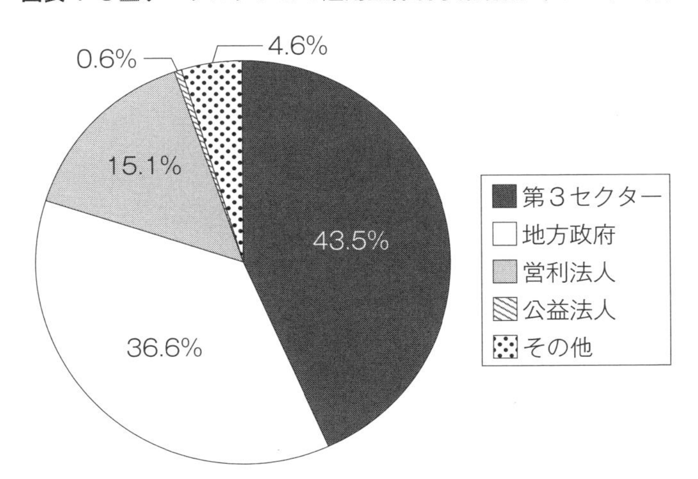

出典：総務省［2018］13頁をもとに筆者作成。

図表4-4■ケーブルテレビ事業者の加入世帯シェア（2018年3月）

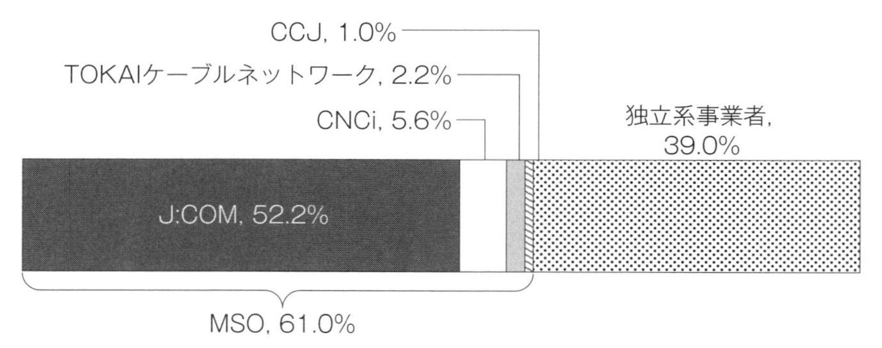

出典：放送ジャーナル社編集部［2018］29-37頁をもとに筆者作成。

TOKAIケーブルネットワークが2.2%，CCJが1.0%をそれぞれ占めている（**図表4-4**）。

ケーブルテレビ事業者による提供サービスは，1963年に自主放送，1989年に衛星放送の再放送，1996年にインターネット接続サービス，1997年に電話サービス，2006年にMVNO（Mobile Virtual Network Operator）サービス[27]，2008年に地域BWA（Broadband Wireless Access）[28]がそれぞれ開始し，多様化が進んでいる。

具体的な提供サービスは各事業者によってさまざまではあるが，総務省［2018］によれば，2018年3月現在，ケーブルテレビ事業者504社のうち，多チャンネルサービスは478社，インターネット接続サービスは334社，MVNOサービスは134社，地域BWAは41社が提供しており，近年，移動通信分野へ進出する事業者が増加傾向にある。また，電気通信事業者等との競争が激化するなかで，多チャンネルサービスとインターネット接続サービスと固定電話サービスをセットにしたトリプルプレイ・サービスを提供する事業者は234社に達しているほか，これらにMVNO サービスを加えたクワトロプレイ・サービス（quattro play service）を提供する事

図表４-５■ケーブルテレビの加入世帯数・普及率の推移（各年３月）

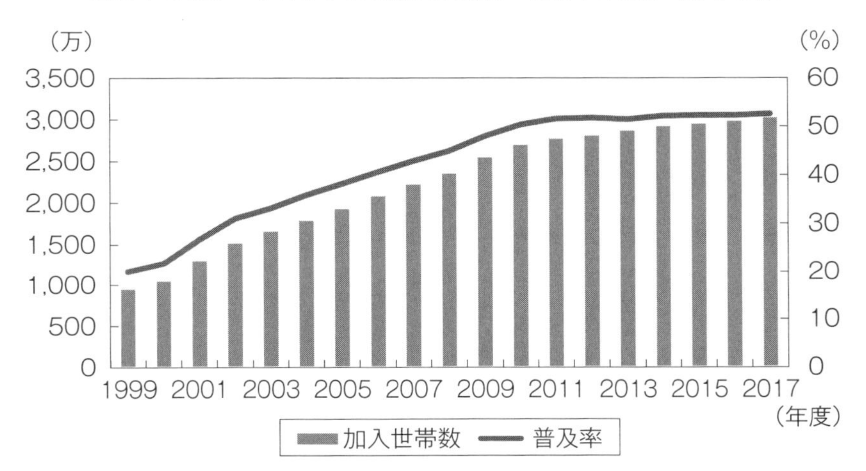

出典：総務省［2018］12頁をもとに筆者作成。

業者は120社，さらに地域BWAも提供する事業者は28社となっている[29]。

一方，ケーブルテレビ加入世帯数は2017年度末時点で3,022万世帯，世帯普及率は約52.6%となっている。ケーブルテレビ普及率は長年増加傾向を維持しているが，近年はほぼ横ばいの状況にある（**図表４-５**）[30]。

⑵ 有料放送市場におけるケーブルテレビ

地上波テレビ放送の難視聴地域という限定的な地域をサービスエリアとした初期のケーブルテレビは地上波テレビ放送の補完的メディアとしての色合いが強く，事業規模も小規模であったため，特定の競合者を持たなかったが，その後の技術革新や規制緩和に伴う地域独占体制の解消により，1990年前後からはさまざまな競合者を持つようになった。

有料放送市場においては，まず，1980年代後半に衛星放送事業者が競合者として登場している。日本における衛星放送は，放送衛星（Broadcasting Satellite：BS）を使用するBS放送と通信衛星（Communications

Satellite：CS）を使用するCS放送の２種類があり，BS放送は1989年６月から，CS放送は1992年４月からそれぞれ放送を開始した。2017年10月時点で放送を行っている民間衛星放送事業者はBS放送が21社，東経110度CS放送が21社となっている[31]。

さらに，2000年代に入ると，ブロードバンド回線を利用した専用のIP（Internet Protocol）網によってIPマルチキャスト放送サービスやVODサービスを提供するIPTV事業者が登場した。日本で初めてIPTVサービスを開始したのは，2002年７月に電気通信役務事業者の登録を行い，2003年から有料サービスを実施したビー・ビー・ケーブルの「BBTV」で[32]，2016年現在のIPTV事業者数は15社である[33]。

各有料放送プラットフォームの加入世帯シェアを見てみると，2016年時点で最もシェアが高いのはケーブルテレビ（54.5%）で，その後にIPTV（38.7%），衛星放送（6.7%）と続く。全体的にはケーブルテレビは下降傾向，IPTVは上昇傾向にあるが，日本ではケーブルテレビ事業者が依然として有料放送市場において優位にある（**図表4-6**）。

2010年代には，通信事業者やインターネット接続事業者（Internet Service Provider：ISP）とは無関係にインターネット上で動画配信サービスを提供するOTT-V事業者も新たな競合事業者として登場した。特に，2015年９月にはNetflixやAmazonプライム・ビデオという外資による２つのOTT-Vサービスが上陸したこともあり，日本における「OTT元年」[34]といわれている[35]。

日本におけるOTT-Vサービス加入者数はまだ明らかにされておらず，十分なデータが得られないため，現段階ではOTT-V事業者がケーブルテレビ事業者に与える影響について詳細な分析を加えることはできない。しかし，米国ではミレニアル世代[36]を中心にケーブルテレビの契約を解約してOTT-Vサービスに加入する「コード・カッティング（cord cutting）」[37]

図表4-6■有料放送市場における加入世帯シェア（プラットフォーム別）

(%)
70 60 50 40 30 20 10 0
64.4%　62.5%　60.4%　56.7%　54.5%
31.5%　30.1%　31.5%　36.3%　38.7%
4.1%　7.5%　8.3%　7.0%　6.7%
2008　2010　2012　2014　2016
（年度）
ケーブルテレビ　衛星放送　IP放送

注：2015年度からはJ:COMが地上波テレビ放送やBS放送の再送信のみのプランを含まない有料放送サービスの実績を公表したため，2014年度以前と2015年度以降の数値には連続性がないことに留意されたい。
出典：野村総合研究所ICT・メディア産業コンサルティング部［2010］243頁，［2011］265頁，［2011］235頁，［2012］231頁，［2013］242頁，［2014］229頁，［2015］227頁，［2016］247頁，［2017］160頁をもとに筆者作成。

と呼ばれる現象が年々加速しており，これが日本においても進行する可能性はある。NetflixとAmazonプライム・ビデオが日本に上陸した2015年のケーブルテレビ多チャンネル契約世帯数が前年度から約54万減少していることを考えると，何かしらの相関関係はあるのかもしれない（**図表4-7**）。

(3) 通信市場におけるケーブルテレビ

1985年4月に「日本電信電話株式会社法」，「電気通信事業法」，「日本電信電話株式会社法及び電気通信事業法の施行に伴う関係法律の整備等に関する法律」のいわゆる「電電改革三法」が施行されたことで，電気通信事業の自由化が実現し，ケーブルテレビ事業者が自らの施設を利用して通信サービスに進出する道が拓かれたが，これはケーブルテレビ事業者と電気

図表4-7■ケーブルテレビ多チャンネル契約世帯数と定額制動画配信サービス契約数

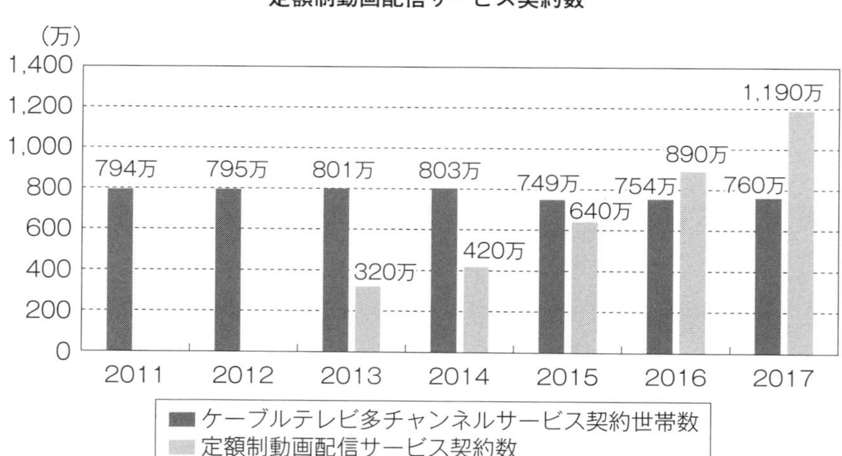

注：ケーブルテレビ多チャンネル契約世帯数の数値は各年度末時点のものであるが，定額制動画配信サービス契約数の数値は各年末時点のものである。
出典：ITC総研［2015］［2016］［2017］，放送ジャーナル社編集部［2018］をもとに筆者作成。

通信事業者が競合関係に立つことを意味した。2002年1月には「電気通信役務利用法」[38]が施行され，ケーブルテレビ事業者が電気通信事業者の提供する通信回線を利用して事業展開することも可能になっている。

携帯電話やスマートフォンの普及に伴い下降傾向にある固定電話市場においては電気通信事業者，中でも日本電信電話（Nippon Telegraph and Telephone Corporation：NTT）の独り勝ちが続いており，ケーブルテレビ事業者の存在感は薄い。2017年3月現在の加入者数を事業者別にみると，NTTが2,133万6,000，KDDIが1,032万5,000，J:COMが380万6,300となっている（**図表4-8**）。

一方，日本のブロードバンド加入者数は2018年3月現在，前年同時期より10.2%増加して約9,600万に達しており，ブロードバンド市場の技術別市

図表４-８■固定電話市場における加入者数（事業者別）

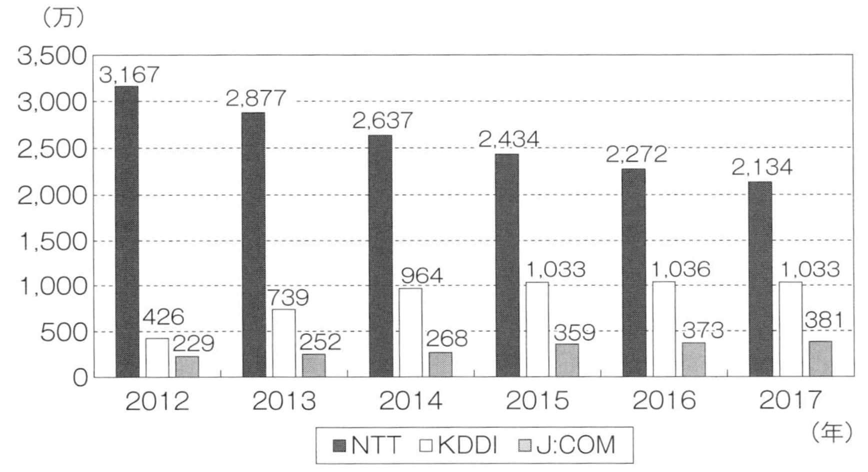

出典：TeleGeography Research, *GlobalComms data*をもとに筆者作成。

場シェアは，2017年時点でFTTHが31.6%，ケーブルが7.3%，DSLが2.4%，その他が58.8%と，FTTHが圧倒的に多くなっている[39]。

事業者別市場シェアをみてみると，2018年３月時点では，UQコミュニケーションズが30.6%，NTT東西が22.5%，ソフトバンクBBが7.3%，NTTドコモが5.0%，KDDIが4.6%，J:COMが3.7%と続く（**図表４-９**）。最大手MSOであるJ:COMであっても5%未満と，その市場シェアは高くはないが，ケーブルモデムによるインターネット接続サービスへの加入者数自体は増加傾向を維持している。

(4) ケーブルテレビ事業者の注力事業

日本においては，1970年代末頃にはすでに区域外再送信を主たる業務とするケーブルテレビ事業者の間で，地域の生活情報やイベント情報をより充実させて地域自主放送チャンネルを再構築することこそが「多チャンネ

図表4-9■ブロードバンド市場における加入シェア（事業者別）

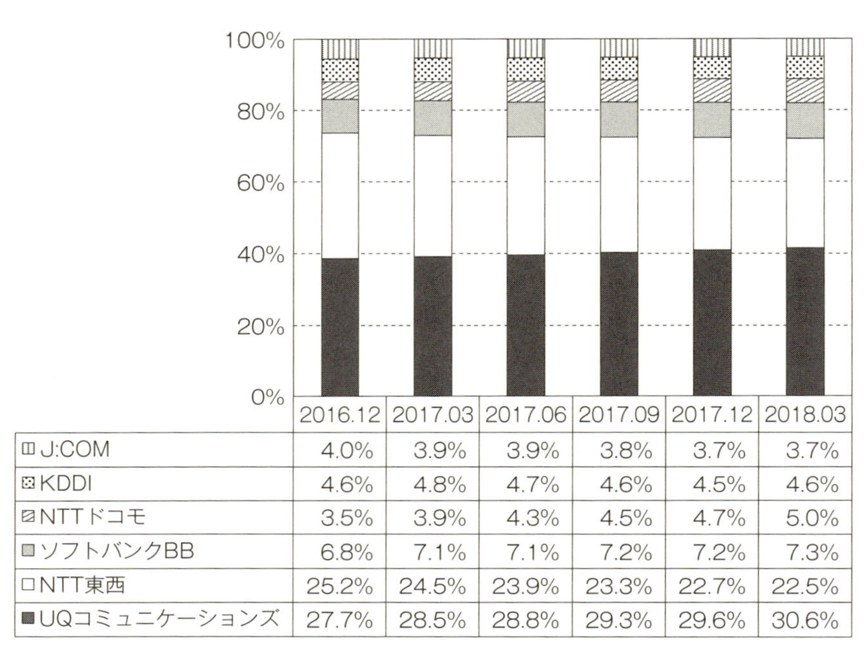

	2016.12	2017.03	2017.06	2017.09	2017.12	2018.03
◫J:COM	4.0%	3.9%	3.9%	3.8%	3.7%	3.7%
⊠KDDI	4.6%	4.8%	4.7%	4.6%	4.5%	4.6%
▨NTTドコモ	3.5%	3.9%	4.3%	4.5%	4.7%	5.0%
▩ソフトバンクBB	6.8%	7.1%	7.1%	7.2%	7.2%	7.3%
□NTT東西	25.2%	24.5%	23.9%	23.3%	22.7%	22.5%
■UQコミュニケーションズ	27.7%	28.5%	28.8%	29.3%	29.6%	30.6%

出典：TeleGeography Research, *GlobalComms data*をもとに筆者作成。

ル時代を生き抜く方法」になるとの考えが生まれていた[40]。時代を下り，日本ケーブルテレビ連盟が2017年に発行した「ケーブルテレビ業界レポート2017」においても，地域コミュニティの活性化に貢献することがケーブルテレビ事業者の社会的役割であり，ケーブルテレビ事業者は地域密着経営を強みとして推移してきたとの言及がなされている[41]。

ここから推察されるのは，「地域メディア機能の提供」がケーブルテレビ事業者にとって社会的役割としてだけではなく，競合者との差別化要因としても機能していたということである。実際，全国135のケーブルテレビ事業者を対象にアンケート調査を実施した大谷［2012］では，日本のケーブルテレビ事業者がケーブル網を用いた放送外サービスを拡大・展開するよりも，地域メディアとして，地域の情報発信やコミュニティへ寄与することを重視しているとの報告がなされており，ケーブルテレビ事業者が地域メディア機能を提供することに対して意欲的な姿勢をみせていることが明らかになっている。

なお，インタビュー調査を実施したZTVとケーブル富山からも「地域メディア機能の提供」がケーブルテレビ事業者の注力事業であるとの共通回答が得られた（**図表４-10**）。

ZTVが特に注力するサービスとしては，①高品質な顧客対応，②地域情報の提供，③地元企業を対象とした法人ネットワーク・サービスやデータ業務の展開，④トリプルプレイ・サービスの提供があり，前３者は特に地域性と関連するものである。なかでも，①と②は政府企業間関係の密接度を反映していると考えられる。

①の具体例としては，地域住民を対象とした無料パソコン教室の開催や社員による訪問対応などがあるが，官民連携事業を実施した際に地方公共団体がZTVと地域の橋渡し役となり，ZTVへの信頼感を高めたことが，同サービスの素地となっている。②は地域情報番組や地方公共団体PR番組の制作および放送を指す。対して③は，地元企業への自社ネットワークの提供やインターネット・データセンターの運営，コールセンターのアウトソーシング・サービスなど，地域性を重視したサービスではあるが，政府企業間関係と直接的には関係しない。また，④は料金割引や窓口の一本化など利用者の利便性に関するもので，地域性を重視したサービスには該当しない。

なお，ZTVは「テレトピア構想」や「新世代地域ケーブルテレビ施設整備事業」といった施策が交付する補助金や税制上の特例措置を受けて設立された第３セクターのケーブルテレビ事業者であり，官民連携事業の経験も豊富である。

図表4-10■ZTVとケーブルテレビ富山の注力事業（2012年時点）

	地域に関わる差別化戦略	その他の差別化戦略
ZTV	①高品質な顧客対応 ②地域情報の提供 ③地元企業を対象とした法人サービスの提供	④トリプルプレイ・サービスの提供
ケーブルテレビ富山	①地域情報化に資する情報の提供 ②次世代ネットワークやICTアプリによる新たな地域サービスの提供 ③顧客サービスの向上 ④地元企業との連携	

出典：インタビュー調査をもとに筆者作成。

たとえば，放送・通信網の整備を臨む地域の地方公共団体からネットワーク設備を借り受けて，ZTVがその運営および補修を請け負ったり，地方公共団体が全世帯分のケーブルテレビ加入金を一括前払いし，地域住民向けのケーブルテレビ加入キャンペーンを実施する代わりにZTVが地域サービスを提供したり，地方公共団体のPR活動を支援したりするといった連携事業が実施されてきた。これにより，ZTVは設備投資にかかるリスクやコストを抑えながらサービスエリアを拡大し，地方公共団体も地域間の情報格差を是正することができたという。

一方，ケーブルテレビ富山が特に力点を置くサービスは，①地域情報化に資する情報の提供，②次世代ネットワークの構築やICTアプリケーションの開発，③顧客サービスの向上，④地元企業との連携による営業力の向上で，すべてのサービスが地域性と関連するが，政府企業間関係を特に反映するのは前２者である。

①は自主制作番組の充実を意味する。ケーブルテレビ富山は2012年４月にコミュニティチャンネルを改編し，合計３つのコミュニティチャンネル

を持つことになったが，そのうちの1つは富山県や富山市による行政番組や県議会中継，イベントの生中継に特化したチャンネルとなっており，ケーブルテレビ富山と地方公共団体との協力関係の強さがうかがえる。②の代表例としては，「富山まちあるきICTコンシェルジュ事業」がある。同事業はスマートフォンやデジタル・サイネージによる情報提供や富山市のビッグデータ収集を目指すもので，総務省「平成24年度補正予算ICT街づくり推進事業」の採択を受け，2013年9月～2014年3月に実施された。それに対し，③は地域住民のニーズに応える商品開発，④は地域の電気店や工事店との営業代理店契約の締結など，地域にはかかわるものの，政府企業間関係の影響を直接受けるものではない。

なお，ケーブルテレビ富山は「新世代地域ケーブルテレビ施設整備事業」や富山県，富山市，地元経済界の出資を受けて設立された第3セクターの事業者であり，「新世代地域ケーブルテレビ施設整備事業」の補助を受けて2008年8月に完成した全国初の県内ケーブルテレビ全局を相互接続する公共ケーブルネットワークである「いきいきネット富山」[42]にも参画している。

いきいきネット富山の完成後，県は同ネットワークを活用した県域情報スーパーハイウェイ「富山マルチネット」を構築し，2002年から運用を開始した[43]。いきいきネット富山が地域の基幹情報基盤として位置づけられ，病院や図書館，公民館といった公共施設に引き込まれた影響で[44]，ケーブルテレビ富山には官民連携事業を実施する機会が多くもたらされたという。

ケーブルテレビ富山が官民連携事業を通して享受したメリットとしては以下が挙げられる。第1に，富山県ケーブルテレビ協議会の結束力が高まった。各ケーブルテレビ事業者が一丸となって「いきいきネット富山」の責任分界点や費用負担を含む伝送路の設計基準の設定，工事工程の管理，教養ヘッドエンドの使用作成や発注体制の整備などに取り組んだ結果，技術力の向上にとどまらず，人的ネットワークの構築が図られたという。この人的ネットワークが，ケーブルテレビ事業者間で資材だけでなく人的な応援も行うという後日の防災協定の締結に繋がっている。

第２に，新サービス導入への寄与がある。映像用のネットワークとともにデータ用のネットワークも構築されたため，早期にIP電話サービスや地上デジタル放送に対応することが可能となった。

第３に，より安価に高品質の番組を制作できるようになった。「いきいきネット富山」によって通信衛星による多チャンネル編成の一元化が可能となったため，CS番組の共同調達によるコスト低減が図れたほか，自主制作番組の交流によって各局が番組内容と技術の両面で互いに刺激し合い，番組の品質が飛躍的に向上した。

第４に，ケーブル網の価値が向上した。いきいきネット富山が地域の基幹情報基盤と位置づけられ，病院や図書館，公民館といった地域の公共施設に引き込まれたり，国土交通省の災害情報基盤としても活用されたりしたことで，住民間におけるケーブル網への信頼性が高まりケーブルテレビ加入率が増加したという。

なお，ZTVとケーブルテレビ富山が共通して注力するサービスとして「地域情報の提供」があるが，自主制作チャンネルにおける地域番組の編成比率[45]は，ZTVが79.2%で，ケーブルテレビ富山が80.0%であった。ZTVとケーブルテレビ富山の地域番組編成比率は韓国と台湾を大きく上回る数値であり，この点においても日本のケーブルテレビ事業者が地域向けサービスを重視していることがわかる（**図表4-11**）。

6 小　括

日本におけるケーブルテレビ事業の変遷を「企業の制度的特徴」，「政府

図表4-11■自主制作チャンネルにおける1週間当たりの地域番組編成比率（2015年1月23日～2015年1月29日）

	事業者名	サービスエリア	自主制作チャンネルの総放送時間	地域番組の総放送時間数	地域番組の編成比率
日本	ZTV	三重県津市	7,560分	5,985分	79.2%
	ケーブルテレビ富山	富山県富山市	30,240分	24,215分	80.1%
韓国	CJ ハロービジョン	ソウル市陽川区	10,080分	2,472分	24.5%
	D'LIVE	ソウル市江東区	10,080分	0分	0.0%
台湾	kbro	台北市	20,160分	6,660分	33.0%
	大豐有線電視	大豊市	30,240分	8,115分	26.8%

出典：各社公式サイトおよびインタビュー調査をもとに筆者作成。

の制度的特質と能力」,「政府企業間のインターフェイス」,「是正すべき潜在能力」という政府企業間関係の4つの規定要因に基づいて整理・分析すると，その特徴は以下のようにまとめることができる。

ケーブルテレビ事業者の制度的特徴としては，第1に政府（特に地方公共団体）を重要なステークホルダーとしている点，第2に「地域メディア機能の提供」を主要事業として認識している点が挙げられる。なお，有料放送市場においてはケーブルテレビ事業者が最も優位な立場にあるが，今後はIPTV事業者やOTT-V事業者が競合者としての存在感を増す可能性がある。

日本政府の制度的特質と能力としては，計画的で一貫性のあるケーブルテレビ政策を打ち出すことができる安定した政策実行能力が挙げられる。旧郵政省および総務省は調査研究報告書を定期的に発表してケーブルテレビ事業の展開方向性を指し示し，それに基づいてケーブルテレビ事業のあり方を形づくる法制度を早期に構築してきた。また，ケーブルテレビ政策の方針は，一貫してケーブルテレビ事業の地域性を保護・育成する性格のものであった。日本におけるケーブルテレビ政策は，ケーブルテレビ事業の発展を下支えするとともに，その事業の展開方向性を導いてきたといえる。

政府企業間のインターフェイスとしては，規制政策，支援措置，官民連携事業がある。1993年の「ケーブルテレビの発展に向けた施策」によってケーブルテレビ事業の地域性にかかわる構造規制の大部分が失われたが，ケーブルテレビ事業に対する公的支援措置は1990年代以降も継続的に講じられているため，規制緩和によって政府企業間のインターフェイスが大幅に減少することはなかった。さらに，そのような公的支援措置の影響を受けて，地方公共団体とケーブルテレビ事業者による官民連携事業も多く実施されており，中央政府のみならず地方公共団体とのインターフェイスが存在する点も日本の特徴である。

政府がケーブルテレビ事業によって是正しようとした潜在能力格差は，「地域間情報格差」であった。『通信白書』や『情報通信白書』におけるケーブルテレビに関する言説は一貫して「地域」と結びつけられており，ケーブルテレビは1974年から1980年までは「コミュニティ・ネットワーク」の基盤として，1985年から1990年代後半までは「地域密着型の情報通信基盤」として，2000年代以降は「地域の総合的情報通信基盤」として描かれるなど，大都市と地方との情報格差を是正するよう期待され続けてきた。

その背景の１つには，日本国土の地理的な特徴があると考えられる。日本は国土の80％以上が森林に覆われた山地で占められており，そのうえ，離島など距離的な隔絶の問題も抱えている。そのため，難視聴地域における再送信サービスの提供が長期間にわたって必要とされ，ケーブルテレビ事業者が地域に根ざしやすかったと予想される。

一方，旧郵政省および総務省が発表してきた調査研究報告書では，ケーブルテレビ事業者と地方公共団体が対のものとして描かれ，政府がケーブルテレビ事業の地域性について言及する際の「地域」という言葉が地方公共団体の行政区域を意味していることが確認された。

現在の地方自治制度は「日本国憲法」第８章および憲法附属法である「地方自治法」によって規定されているが，そのような制度自体は明治時代またはそれ以前から存在してきた。たとえば，江戸時代には，江戸，京都，大阪は徳川家による直轄領としてみなし，それ以外の地域は大名を介した幕府による間接支配とする制度が整備されたほか，明治時代には，廃藩置県を経て，「日本全土に中央集権地方自治制度が敷かれ，現在の地方自治制度の前身としての府県や市町村の設置」がなされた[46]。

このように，日本における地方自治制度は約400年の歴史を有しており，人々の暮らしに深く根ざしてきたため，ケーブルテレビ事業を展開する際にも，地方公共団体の行政区域という地域概念が受け入れやすく，地方公共団体とケーブルテレビ事業者の連携もスムーズに進んだものと考えられる。

●注

1　「放送法」は，「電波法」および「電波監理委員会設置法」とともに1950年に成立した。

2　日本ケーブルテレビ連盟25周年記念誌編集委員会編［2005］102頁。

3　磯本［2002］144頁。

4　「有線テレビジョン放送法」成立に伴い，「有線放送業務の運用の規正に関する法律」は「有線ラジオ放送業務の運用の規正に関する法律」に名称が改められ，有線ラジオ放送のみを対象にするようになった。その後，2010年の放送関連法規の改正によって，同法は廃止の上「放送法」に統合されている。なお，「有線テレビジョン放送法」の詳細については本章第３節を参照のこと。

5　美ノ谷［1998］47-49頁。

6 美ノ谷［1973］によれば，Wired Cityは「広域帯通信網の媒体として多目的機能をはたす有線テレビによって，各家庭や事業所などが連結されている都市」と定義される。米国におけるWired City構想の代表的なものとしては，ワシントン大学経済学部教授H.J. バーネットと同助教授E. A. グリーンバーグが1967年８月にランド研究所から発表した研究報告「有線連結都市テレビのための提案（A Proposal for Wired City Television)」がある。両氏は，書籍や雑誌と比較してテレビ番組が多様性や数量の面で劣っているのはテレビ放送局やネットワークの数が少ないことに起因すると指摘した上で，テレビ番組の多様化を推進するためには米国全土をケーブル網によって相互接続するのが最も効果的であると主張した。

7 CCISは「おもに一般家庭を対象として，同軸ケーブルを樹枝状に配した通信網を用いた情報システムで，自主放送，非放送サービス等，テレビの再送信以外のサービスをも行うもの」と定義される。大容量伝送性，双方向性，地域限定性といった技術的特性を持つ（生活映像情報システム開発協会生活情報システム開発本部業務部編［1978］，郵政省［1978］，松平［1978］480頁)。

8 旧郵政省は同実験を日本電信電話公社と生活映像情報システム開発協会とともに共同実施した。『通信白書 昭和53年版』によれば，多摩ニュータウンにおけるモニターの実験全体に対する評価は「非常に有意義」「やや有意義」とするものが過半数を占め,「日常生活に役立った」「身近な人が出演して面白かった」など生活情報や地域情報を中心に取り上げていることが理由として挙げられていたという。

9 親子テレビシステムはマスタースレーブ使用になっており，放送を受信するマスター機を「親テレビ」，マスター機で受信した放送番組を映すスレーブ機を「子テレビ」という。一般的には，親テレビの電源が入っている状態でなければ，子テレビで番組を視聴することができなかった。

10 本章第３節参照。

11 大石［1992］123頁。

12 藤本［2009］72頁。

13 日本ケーブルテレビ連盟25周年記念誌編集委員会編［2005］108頁。

14 山田［1988］40-42頁。

15 テレトピア推進法人が中小企業等に対する各種基金に対して負担金を支出した場合に，その支出した事業年度の損金に算入することを認める制度。1985年開始。

16 双方向ケーブルテレビ設備について一定の条件下で特別償却または税額控除を認める制度。1986年開始。

17 ケーブルテレビ事業者が加入者から工事負担金を徴取し，事業に必要な施設を取得した場合に，その施設について圧縮記帳を認める制度。1987年開始。

18　ケーブルテレビ事業者が事業基盤強化のための設備を取得した場合に，税制控除または特別償却を認める制度。1988年開始。
19　一定の条件を満たすケーブルテレビ施設に対して固定資産税の軽減措置を適用する制度。1990年開始。
20　一定の条件を満たすケーブルテレビ施設に対して事業所税の軽減措置を適用する制度。1991年開始。
21　ニューメディア開発協会（発行年不明）。
22　第３章第３節参照。
23　アジア・太平洋地域では，1995年５月に韓国ソウル市で開催された第１回APEC電気通信・情報産業大臣会合で，アジア太平洋情報基盤（Asia Pacific Information Infrastructure：APII）の構築を掲げた「ソウル宣言」が採択された。
24　日本ケーブルテレビ連盟25周年記念誌編集委員会編［2005］105頁。
25　地域情報化政策が転換するきっかけに，1990年に旧自治省が発表した「地域公共団体における行政の情報化に関する指針」がある。旧自治省はこの指針の中で，今後の地域における情報化の方向として，地方公共団体および地域住民が主体となる情報発信形態の確立，広域的な情報化施策の推進，すべての住民が高度情報化社会の便益を享受できる仕組みの構築，地域間の情報通信格差の是正を設定した上で，地方公共団体に対し，地域情報通信基盤の整備や行政サービスの情報化を中心とした地域情報化の指導を開始した（藤本［2010］144頁。藤本［2009］72頁。総務庁行政監察局［1997］19頁）。
26　芳賀・正林［2012］22頁。
27　電波の割当てを受けてサービスを提供する電気通信事業者（MNO：Mobile Network Operator）から無線網を借りて，提供する移動通信サービスのこと。
28　2.5GHz 帯を使用する広帯域移動無線アクセスシステムのこと。
29　総務省［2018］4-5頁。
30　総務省［2018］12頁。
31　NHK放送文化研究所［2018］14頁。
32　深津・引地・伊藤［2010］51頁。
33　総務省情報流通行政局経済産業省大臣官房調査統計グループ［2018］11頁。
34　柴田［2016］３頁。
35　Netflixは世界最大手のOTT-V事業者で，2018年第３四半期，世界における会員数は１億3,700万人に上る。なお，国内事業者によって提供されているOTT-Vサービスとしては，NTTドコモが2011年11月から開始したdTV（2017年３月時点の会員数は469万人）等があるが，どちらかというと市場を撤退する事業者のほうが多い。たとえば，ソフトバンクが2016年３月から開始したスポナビライブは2018年５月に事業を終了したほか，ソフトバンクが2013年２月からエイベックス・グループと共同運営を始めたUULA（ウーラ）も2017年3月をもってサービスを終了している。また，レンタルビデオショップ運営事業者のゲオがエイベックス・デジタルとの協業で2016年2月から開始したゲオチャンネルは2017年6月，ディズニーをはじめとする国内外の映画会社やテレビ局が2015年9月に開始したbonoboは2015年9月にそれぞれ撤退している（Netflix［2018］，NHK文化放送研究所［2018］21頁）。

36 ミレニアル世代とは，1980年代から2000年代初頭までに生まれ，2000年以降に成人した世代をいう。幼少期から日常的にインターネットを利用するデジタルネイティブであることから，それまでの世代とは異なる価値観やライフスタイルを持っているといわれる。

37 コード・カッティングは，ケーブルコードを切る，すなわちケーブルテレビの有料放送サービスの契約を解約してインターネット経由の動画視聴を選択する消費者動向のことで，2010年前後から米国のケーブルテレビ業界について語る際に頻繁に用いられるようになった言葉である。近年では，コード・カッティングを行う「コード・カッター層（cord cutters）」や契約プランをより安価なものに見直す「コード・シェイバー層（cord shavers）」のほかに，今までに一度も有料放送サービスを契約したことがない「コード・ネバー層（cord never）」も存在感を増してきている。

38 「電気通信役務利用法」は2010年に成立した「放送法」の改正により同法に吸収統合され，同法が完全施行された2011年に廃止された。

39 TeleGeography Research, *GlobalComms data.*

40 日本ケーブルテレビ連盟25周年記念誌編集委員会編［2005］127頁。

41 日本ケーブルテレビ連盟［2017］5頁。

42 「2000年とやま国体」の開催を控えた1999年夏，中沖豊富山県知事（当時）と富山県国体事務局がケーブルテレビによる国体の生中継を発案し，ケーブルテレビ事業者側がそれに賛同したことが，いきいきネット富山を構築するきっかけとなった。

43 設備費用の高さから実現されてこなかった情報ハイウェイ構想であったが，「いきいきネット富山」を用いることで安価に構築することが可能になった。

44 地方公共団体がケーブルテレビ事業者の新規開局やエリア拡張に対して積極的に働きかけたことで，2005年3月には富山県のほぼ全域にケーブルテレビ網が敷設された。

45 本書では「自主制作チャンネル」をケーブルテレビ事業者が自主制作番組を放送しているチャンネルと定義付ける。このようなチャンネルのことを日本では「コミュニティチャンネル」，韓国では「地域チャンネル」，台湾では「地方自製頻道（地域自主制作チャンネル）」と呼ぶが，本書では便宜上，自主制作チャンネルに統一した。また，総務省令「期間放送局の開設の根本的基準」に倣い，

「地域番組」は「出演者，番組内容からみて，当該放送事業者が自己の存立の基盤たる地域社会向けの放送番組と区分しているもの」と定義付ける。自主制作チャンネルにおける地域番組の編成比率とは，自主制作チャンネルの1週間の総放送時間を占める地域番組の放送時間の比率である。

46　村中［2016］394-395頁。

第5章

韓国における
ケーブルテレビ事業

1 軍事政権下におけるケーブルテレビの胎動

(1) 放送のはじまり

韓国における放送サービスは，社団法人京城放送局が1927年2月16日に地上波ラジオ放送を開始したことに始まる[1]。ただし，当時の韓国は日本の統治下にあったため，京城放送局は社団法人日本放送協会の統制の下に設立されたものであり，放送事業も朝鮮総監督府逓信局による直接の管理を受けていた[2]。

その後，全朝鮮における放送の組織化が目指され，1932年4月7日に京城放送局を母体とした社団法人朝鮮放送協会が発足すると，京城放送局は日本語と朝鮮語による言語別二系統の放送を開始し，釜山放送局（1935年），平壌放送局（1936年，現在は朝鮮民主主義人民共和国），青津放送局（1937年，現在は朝鮮民主主義人民共和国）などの地方ラジオ放送局が開局した[3]。

1945年8月15日に日本が降伏して第2次世界大戦が終戦すると，京城放送局の職員は日本へ帰国し，設備は連合国軍最高司令官総司令部（General Headquarters, the Supreme Commander for the Allied Powers：GHQ）に接収された。その間，京城放送局は一時的にソウル中央放送局（HLKA）に改称されたが，大韓民国の樹立が内外に宣布された1948年には韓国公営放送として発足することになった[4]。韓国公営放送の放送施設はすべて韓国政府公報部に移管された。

韓国初の地上波テレビ放送は，米国の電気機器事業者RCA（Radio Corporation of America）の現地法人であった韓国RCAが，自社製テレビ受像機を普及させるために地元資本との合弁で1965年にテレビ放送

「HLKZ-TV」を開始したことで実現した。ただし，サービスエリアは半径15～20km内で放送時間と放送内容も限られていたほか，1957年３月には赤字により新聞社である韓国日報（Hankook Ilbo）に譲渡され，1952年２月には火災で施設が全焼し，再建できないままその姿を消した[5]。

そのため，今日に引き継がれる地上波テレビ放送としては，1961年12月に放送を開始した国営放送のソウルテレビジョン放送局[6]がある。その後，1964年に商業放送の東洋テレビジョン（Dong-Yang Television：DTV）が，1969年に政権勢力を主体とした5.16奨学財団[7]の支援によって文化放送（Munhwa Broadcasting Corporation：MBC）がそれぞれ開局し，テレビ放送は国営放送と商業放送の二元体制となった。

しかし，商業地上波テレビ放送局の誕生によって放送の国家統制体制に変化がもたらされた事実はなく，むしろ厳しい番組内容規制を課す「放送浄化11項」[8]（1970年）や「国家非常事態宣言に伴う放送施策」[9]（1971年）が発表されたほか，放送番組の事前審査制度を設け，番組内容規制に違反した放送局に対する制裁を強化する「放送法」改正（1997年）が実施されるなど，放送メディアに対する国家統制はさらに強まっていった[10]。

⑵ 地方向け軍事宣伝メディアとしての有線放送

ケーブルテレビの前身ともいえる有線ラジオ放送は，李承晩初代大統領が1956年に立ち上げた「アンプ村事業」によって幕を開けた。当時の有線ラジオはスピーカーが電線の端にぶら下がっている形状のもので，電源のスイッチしかついていなかったため，受信者がダイヤルを回して好きな番組を選ぶことはできなかった。アンプ村事業では，これを地上波ラジオ信号の受信できない農漁村において政策の伝達や公報を行うために活用していたのである。

その後，1961年の5.16軍事クーデターによって誕生した朴正熙軍事政権が，軍事クーデターの正当性と政権の政治的目標を全国に宣伝する目的でアンプ普及事業を「経済開発五か年計画事業」の１つとして策定したことで，有線ラジオ放送はさらに広く普及していくこととなった[11]。

1970年代に入ると，地上波テレビ放送の本格的始動に伴い，有線テレビ，すなわちケーブルテレビによる放送も始まった。この頃のケーブルテレビは「有線放送受信施行令」（1970年）において，その事業範囲を難視聴地域における地上波テレビ放送の再送信に限られていたため，「中継有線放送」と呼ばれている。

1980年に全斗煥軍事政権が誕生するとメディア全体に対する統制が強化されたが，中継有線放送も当然ながらその対象となった。全政権はまず，「新聞・通信などの登録に関する法律」と「放送法」を廃止する代わりに新たに「言論基本法」（1980年）を制定し，多くの地上波テレビ放送局に公営放送である韓国放送公社（Korean Broadband System：KBS，旧ソウルテレビジョン放送）に吸収されるか，放送免許を返上するかの選択を迫るなど，商業放送を事実上禁止した。また，中継有線放送に対しても厳格な番組内容規制を敷く「有線放送管理法」（1986年）と「有線放送管理法施行令」（1987年）をそれぞれ制定した[12]。

2 民主化の推進とケーブルテレビの発展

(1) 新しい有線放送の誕生

全斗煥軍事政権による放送支配体制に陰りが見え始めたのは，「KBS受信料不払い運動」が勃発した1986年のことである。同運動は宗教団体や女性団体主導で行われた政治的な圧制に反発する市民運動で，国民の約80％に支持され，３年近くも続いた[13]。

最終的に，高まりつつある民主化要求を受けて与党民主正義党の盧泰愚大統領候補が1987年に「民主化宣言」[14]を行い，翌年16年ぶりに行われた民主的選挙で第13代大統領に当選すると，その流れの中で全政権末期の1987年11月28日に「言論基本法」は廃止され，新しい「放送法」が施行された。これによりMBCや教育テレビがKBCから独立したほか，1990年には民間企業だけを株主にした初めての純商業放送であるソウル放送（Seoul Broadcasting System：SBS）が設立されるなど，放送事業に対する統制が徐々に解かれ始めた。

その一方で，学術界や産業界，政府機関からは，民主化を促進させるべく，多チャンネル環境の実現を求める声も相次いでいた。盧泰愚大統領はこれを受けて，大統領就任直後の1989年に発足させた放送制度研究委員会ニューメディア分科会においてケーブルテレビに関するセミナーを開催し，「総合有線放送」と呼ばれる多チャンネル・サービス型の新しいケーブルテレビ・システムの導入を決定した[15]。

そして1990年４月には，学術界，産業界，政府機関の専門家13名によって構成される総合有線放送推進委員会を公報処[16]に設置し，総合有線放送の放送制度や試験放送地域の選定，番組内容の審議，運営方針等について計画した上で，1991年12月に「総合有線放送法」を公布している[17]。

ただし，総合有線放送事業の本格的な導入は1993年に就任した初の文民大統領である第14代金泳三大統領の時代に持ち越された。金泳三大統領が多メディア・多チャンネル政策を打ち出し，①全国どこでも数十のケーブルテレビチャンネルを視聴可能にする，②ソウル市にしかなかった商業放送局をその他の主要都市にも開局する，③自国衛星を使って衛星放送を開始するという具体的な目標を掲げたことで，総合有線放送事業はようやく始動することになったのである[18]。1993年から1994年にかけて総合有線放送に関連する事業者の選定が行われ，1995年５月，ついに全国53地域で本放送が開始された[19]。

これにより，韓国におけるケーブルテレビ産業は中継有線放送と総合有線放送から成る「二元構造」を形成することになったが，政府は総合有線放送を開始するにあたり，中継有線放送とは異なる事業システムを導入することを決定していた（**図表5-1**）。すなわち，総合有線放送事業を総合有線事業者（System Operator：SO），番組供給事業者（Program Provider：PP），ネットワーク事業者（Network Operator：NO）の3つに分類した上で営業許可を出す「三分割構造」と呼ばれる制度の採用である[20]。

総合有線事業者は，加入者への番組送出，マーケティング，屋内における施設の設置，加入者の管理を行い，番組供給事業者は，番組の編集・編

図表5-1■韓国におけるケーブルテレビ事業構造

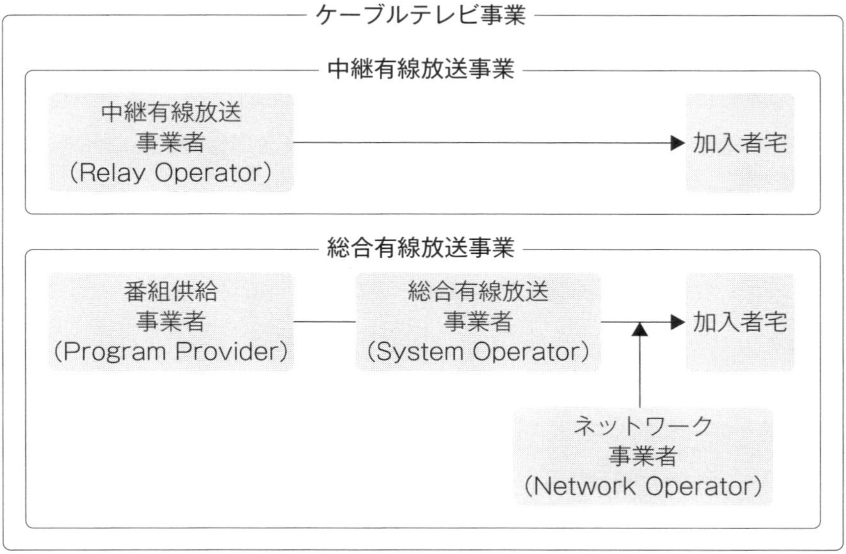

出典：筆者作成。

成・供給を行う。ネットワーク事業者は放送局から加入者までの伝送設備の設置と運営を担当するが，ケーブル網の敷設にかかる多額の初期費用と規模の経済性を考慮し，政府は当時国営企業であった韓国通信（現Korea Telecom：KT）と政府が過半数の株式を所有していた韓国電力公社をネットワーク事業者に指定した[21]。

⑵ 総合有線放送に対する規制と支援措置

サービス内容が異なる２つのケーブルテレビ・システムに適用される法制度はそれぞれに異なり，中継有線放送には「有線放送法」が適用されたが，総合有線放送には「総合有線放送法」が適用された。ここでは，1991年12月に公布された「総合有線放送法」の内容について詳しくみていきたい。

番組内容規制としては，KBSおよび教育放送を再送信すること（第27条）と国が公共目的のために利用できる「公共チャンネル」を１つ以上有すること（第22条）が義務付けられたほか，外国から輸入した番組の放送時間は全放送時間の30％以下に制限された（第25条）。加えて，すべての番組が審議を受けることが明記されたため（第14条，第24条，第38条，第41条），1987年10月の「韓国憲法」改正で検閲が廃止されていたにもかかわらず，それに代わる事実上の検閲が番組審議機関の自主的な「審議」によって行われることになった（**図表５-２**）[22]。

図表５-２■放送番組内容の審議区分

事前審査	広告 （広告審議会）	輸入番組 （映画審議会）
事後審査	報道・教育	芸能・娯楽

出典：川竹［1995］41頁。

一方，構造規制としては，参入規制，退出規制，料金規制，所有規制が課された。参入規制では許可制が採用され（第7条），参入許可を受けた総合有線放送事業者は一定の総合有線放送区域を担当して事業を運営する権利（以下，「地域事業権」とする）を付与される代わりに，地域事業権料として年間総収入の10%以内の地域事業権料を公報処に納入しなければならなかった（第8条）[23]。また，市場退出時には，公報処への申告が必要であった（第31条）。

公報処が総合有線放送事業者の参入許可を判断する際の基準としては，以下の5項目が設けられた。

《総合有線放送法（1991年）第2条第2項》

1. 総合有線放送の目的と内容が法令に違反しておらず，国益を阻害していないこと
2. 総合有線放送の地域的・社会的・文化的必要性と妥当性があること
3. 総合有線放送事業者の運営を通じて地域社会の発展に貢献することができること
4. 総合有線放送事業者を運営することができる十分な財政的能力があること
5. 総合有線放送局設備の設置計画が合理的であり，第33条の規定による技術基準に適合し，総合有線放送局を運営することができる技術的能力を有すること

このうち，第2号「総合有線放送の地域的・社会的・文化的必要性と妥当性があること」，第3号「総合有線放送事業者の運営を通じて地域社会の発展に貢献することができること」，第4号「総合有線放送事業者を運

営することができる十分な財政的能力があること」に関する審査については，公報処は地方政府の長の意見を聞かなければならないとの内容が規定されたが（第７条），それがどう反映されるかについては定めておらず，実質的には公報処が審査権を独占していた。総合有線放送施設が設置される当該地方政府は単なる経由地にすぎず，その許認可行政からは完全に遮断されていたのである[24]。

また，総合有線放送事業者は受信料について公報処の承認を得なければならないとする料金規制（第28条）や，総合有線放送事業者，番組供給事業者，ネットワーク事業者間の兼営や新聞社および大企業による総合有線放送事業の兼営，総合有線放送事業への外国資本参入を禁じる所有規制（第４条，第７条）も盛り込まれた。このため，「総合有線放送法」施行当時の総合有線放送事業者が垂直統合や水平統合をしてMSO化することは不可能であった。

《総合有線放送法（1991年）第４条》

第１項　総合有線放送事業者・番組供給事業者・ネットワーク事業者は相互兼営（株式又は持分の所有を含む。以下同じ。）することができない。
（以下筆者省略）

第２項　放送有線放送事業者は，相互に兼営することができない。
（以下筆者省略）

第３項　総合有線放送事業者と放送法による放送事業者（以下「無線局」という）は，相互に兼営することができない。

第４項　総合有線放送事業者と定期刊行物の登録等に関する

法律による日刊新聞・通信社は，相互兼営することができない。

第５項　大統領令が定める大企業とその系列企業は，総合有線放送局を経営したり，その株式又は持分を所有したりすることができない。

第６項　特定の理念や思想を支持・擁護する政党・宗教団体は，総合有線放送局を経営したり，その株式又は持分を所有したりすることができない。

第７項　第１項から第５項の規定による兼営及び経営禁止対象者と特殊な関係にある者は，総合有線放送局を経営したり，その株式又は持分を所有したりすることができない。この場合，特殊な関係にある者の範囲は，大統領令で定める。

さまざまな規制が課される一方で，総合有線放送事業が大きな経済的利益を生むのではないかという期待から，事業開始当初は総合有線放送事業者に対する支援措置も国家プロジェクトとして展開された。たとえば，総合有線放送事業を製造業と同様の国家支援対象に指定し，工業発展基金などの援助対象とするほか，総合有線放送の受信料やコンバーター使用料への付加価値税を免除するなどの優遇措置が採用された[25]。

さらに，多額の国家予算を投入したからには事業の失敗は許されないとの焦りから，政府は1995年８月，政府特別機関としてケーブルTV推進企画団を発足させ，同企画団に総合有線放送の加入世帯数を毎日調査させるということも行っていた。同調査は総合有線事業者に対する圧力となり，加入世帯者数を水増しして報告する事業者が後を絶たなかったという[26]。

このように，1990年代前半における総合有線放送事業は中央政府の非常に厳格な監督下に置かれていた。全斗煥政権誕生以降，民主化が進んだ韓国では，中央集権から地方分権への流れが形成されたかのように見えたが，金泳三政権下においても放送事業に対する政府の統制色は色濃く残り，その本質はほとんど変化しなかったのである[27]。

3 政府の失敗とケーブルテレビ規制の緩和

(1) アジア通貨危機と政府の失敗

金泳三政権は，前節で述べたような政府主導の枠組みで活動する限り，総合有線放送事業は事業開始後４年で確実に黒字化し，それに伴って中継有線放送事業は自然と萎縮していくと予想していた[28]。ところがその目論見は外れ，実際には，総合有線放送事業が1995年開業以来，業界全体で３年間の累積赤字を出したのに対し，中継有線放送への加入者は増加し続けた。

総合有線放送事業者の経営が振るわなかった理由としては，第１に1997年のアジア通貨危機の影響が韓国にも波及して加入者数や広告収入が大幅に落ち込んだこと，第２に政府の総合有線放送事業への介入が裏目に作用したことがある。

アジア通貨危機によって公的支援措置や民間資金による投資を軒並み打ち切られた総合有線放送事業者は，チャンネル数を増やしたり月額料金を下げたりすることで加入者離れを食い止めようと試みたが，実際には政府の承認を受けないまま自由に事業戦略を打ち出すことができず，経営はますます不安定になっていった。また，ネットワーク事業者である韓国通信と韓国電力公社がケーブル網の敷設を中止し，総合有線放送事業からの撤退を発表したため，一部の農漁村部では政府からの総合有線放送施設の設置許可があるにもかかわらずケーブル網が敷設されないという事態も発生した[29]。

中継有線放送事業者はその間に，総合有線放送よりも安い料金で，従来業務である地上波テレビ放送の再送信に加えて国内外の衛星放送の違法再送信を行うようになり，総合有線放送を脅かす存在へと成長していった。1973年時点で83社だった中継有線放送事業者数と１万203世帯だった中継有線放送加入世帯数は，1984年には830社と34万5,229世帯，1995年には約840社と約700万世帯へと20年弱の間で急増している[30]。

⑵ 規制緩和の推進

金泳三政権による政策が裏目に出るという，いわゆる「政府の失敗」によって事業開始後わずか３年で暗礁に乗り上げた総合有線放送に対し，経済界や政界からは批判が集中した。そこで，アジア通貨危機直後に発足した金大中政権は1999年に「総合有線放送法」を全面改正し，規制緩和を次々に打ち出していくことで総合有線放送事業の立て直しを図った。

まず，1999年の「総合有線放送法」全面改正では，総合有線放送事業者・番組供給事業者・ネットワーク事業間の兼営，総合有線放送事業者同士の兼営，新聞社による総合有線放送事業者の株式所有，大企業による総合有線放送事業者の株式所有，総合有線放送事業への外国資本参入が，各事業者の売上高や市場占有率などを基準に定められた範囲内においてそれぞれに認められるなど，所有規制が大幅に緩和された（第４条，第６条）。

また，参入規制においても，番組供給事業者は許可制から登録制へ，ネットワーク事業者は指定制から登録制へとそれぞれ変更された（第13条，第17条）。これにより，韓国ではMSOや番組供給事業統括会社（Multiple Program Provider：MPP）を形成する事業者が急増した。

番組内容規制においては，報道・教育番組と芸能・娯楽番組の事後審査および輸入番組の事前審査が廃止され，広告についてのみ総合有線放送委員会による事後審査が継続される（第34条）など，総合有線事業者が番組の編成権を持てるようになり，基本的な番組だけであれば廉価な月額料金を設定することも可能になった[31]。

さらに金大中政権は2000年３月，地上波テレビ放送に適用されていた「放送法」，KBSに適用されていた「韓国放送公社法」，中継有線放送に適用されていた「有線放送管理法」，総合有線放送に適用されていた「総合有線放送法」の４つの放送関連法に，2002年から本放送開始が予定されていた衛星放送に関する法律を加えた新しい「放送法（以下，「統合放送法」)」を施行し，衛星放送事業者が総合有線放送事業者の株式又は持分を33%以下であれば所有できるという項目を追加する（第８条）など，所有規制のさらなる緩和に踏み切った。

また，「統合放送法」によって総合有線放送事業と中継有線放送事業の適用法を一本化し，中継放送事業者の総合有線放送事業への切り替えを可能にする制度も立ち上げた。これにより，1990年代半ばから続いていた総合有線放送事業者と中継有線放送事業者間の熾烈な加入者獲得競争は2000年代半ば頃には収束を迎えた。総合有線放送事業者による買収や合併を経て，現在では中継放送事業者の数は大幅に減少している（**図表5-3**）。

一方，番組内容規制の面では，総合有線放送事業者の全放送時間の50%を国内制作番組で編成しなければならないという規定を新たに設けたほか（第71条)，「公共チャンネル」と「宗教チャンネル」をそれぞれ３つ以上有することに加え，「地域チャンネル」を１つ以上運営することを初めて義務付け（第70条)，総合有線放送サービスの地域性を担保することを試みている。地域チャンネルで放送される番組内容は次のように規定された。

図表５-３■中継有線放送事業者数の推移

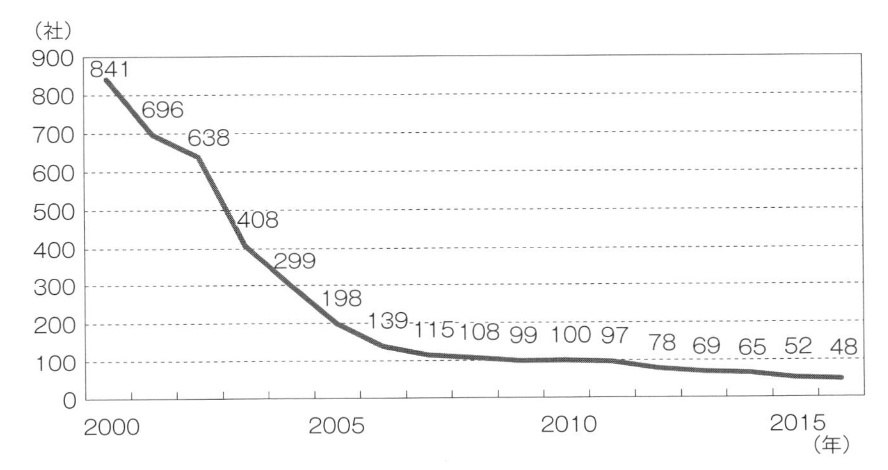

出典：ナム［2008］347頁，放送通信委員会［2016］56頁，放送通信委員会［2017b］87頁をもとに筆者作成。

《放送法施行令（2000年）第55条第２項》

地域チャンネルを介して送信することができる放送番組の範囲は，次の各号のとおりとする。

1．放送法第70条７項の規定により，視聴者が自主制作して放送を要求している放送番組
2．放送委員会規則が定める基準による総合有線放送区域内の地域生活情報番組
3．地方政府の施策推進のための放送番組
4．放送番組案内
5．その他の地域社会の発展と地域住民の利便性のために国又は地方政府が必要と認める放送番組

その後，盧武鉉第16代大統領を経て，2008年２月に李明博第17代大統領

が誕生すると，李大統領（当時）はメディア改革を重要課題として取り上げ，「統合放送法」，「新聞報」，「インターネットマルチメディア放送事業法（IPTV法）」を改正する「メディア関連法」の成立を目指した[32]。国会で乱闘が繰り広げられるなど，同法の成立をめぐっては与野党間で激しい対立が勃発したが，最終的には野党の激しい反対を押し切る形で2009年７月に施行され，これによって「統合放送法」は再び改正されることになった。

今回の改正においても所有規制のさらなる緩和が実施された。新たな投資や雇用の創出を目的に，それまで禁じられていた地上波テレビ放送事業者，新聞社，大企業による総合有線放送事業者の株式または持分の所有が初めて認められたほか（第８条），総合有線放送事業に対する外国資本の参入割合が引き上げられた（第14条）。また，参入規制においては，政府への地域事業権料の納付をする必要がなくなった（第12条）。

番組内容規制面では，放送通信委員会（Korea Communications Commission）が告示した放送分野に属する「公益チャンネル」の運営義務が新たに明記された（第70条）。また，新聞社や大企業が番組供給事業のうちの「総合編成事業」[33]へ出資することが認められ（第８条），2011年12月から大手新聞４社（朝鮮日報，中央日報，東亜日報，毎日経済新聞）がそれぞれに「総合編成チャンネル」を所有することになったため，総合有線放送事業者は「放送法施行令」第53条によって，それらの総合編成チャンネルを再送信することも義務づけられた[34]。

なお，第18代朴槿恵大統領の政権下であった2016年12月[35]には，朴大統領が2013年３月に新設した規制機関である未来創造科学部が「第８回情報通信戦略委員会」を開催し，市場が飽和状態にある有料放送事業を発展させる目的で，関連規制をさらに緩和していく方向性を打ち出している。具体的には，同一サービス同一規制に基づき，ケーブルテレビ事業，衛星放送事業，IPTV事業に同一の規制を課す「統合放送法」改正案が2017年に提案された。しかし，2018年現在，新たな動きは見られない。

(3) 支援措置への影響

アジア通貨危機を契機とした規制緩和は，当然ながら，総合有線放送事業に対する公的支援措置のあり方にも影響を及ぼした。

1999年の「総合有線放送法」改正によって，総合有線放送事業者とネットワーク事業間の兼営が可能になり，総合有線放送事業者が自らケーブル網を構築できるようになってからは，総合有線放送事業者には支援措置を行わないという基本的原則が掲げられた[36]。この原則は今なお健在であり，2001年から放送のデジタル化が推進された際にも，地上波テレビ放送のデジタル化に向けた支援制度が早くから整備されたのに対し，総合有線放送事業者は自律的なデジタル転換が求められた。

また，2005年からは総合有線事業者の「地域チャンネル」に対する支援措置が実施されることになったが，同支援措置は放送通信委員会が１年間に30弱の自主制作番組を選定し補助金を交付するという小規模なものにとどまっている。当然ながら，総合有線放送事業者と中央政府や地方政府が官民連携事業を行うことも非常に稀で，ケーブル網の双方向機能を利用したTV電子政府サービスの提供や国立ソウル科学技術大学におけるケーブル放送情報学科の設置といった事例に限られている。

ただし，番組供給事業者に対する支援措置は1990年代後半から実施され始め，現在でも継続されている。日本貿易振興機構［2011］によれば，韓国では金泳三政権下の1994年に文化産業の振興に関する取り組みが本格化し，「文化産業政策のパラダイムが『規制』から『経済的重要性の認識』へとシフト」したという[37]。文化産業への支援政策は「アジア通貨危機を打開する新たな成長エンジン」として金大中政権下で加速し，さまざまなコンテンツ振興策が打ち出された[38]。

番組供給事業者に対する支援措置も以上のようなコンテンツ振興策の枠組みで実施され，国際放送映像見本市への参加支援や輸出用放送番組の再制作支援等，映像コンテンツの海外輸出を目的としたものが大部分を占めている[39]。

支援措置の主な財源としては，国庫や放送発展基金がある。国庫を財源とする支援措置は，準行政機関である韓国コンテンツ振興院（Korea Creative Content Agency：Kocca）によって運営・管理される。一方，放送発展基金は，放送，文化，芸術分野の振興のために「統合放送法」に基づいて設立されたもので，地上波テレビ放送事業者，総合有線放送事業者，ショッピングチャンネル事業者，衛星放送事業者から徴収された法定負担金を放送通信委員会が運営・管理している。

(4) 規制機関の変遷

韓国では新政権成立に合わせて省庁再編が実施されるため，総合有線放送事業に関わる規制機関は頻繁に変更されてきた。しばしば混乱を招くことがあるため，ここではその変遷を整理しておきたい（**図表5-4**）。

1992年の「総合有線放送法」下では，総合有線放送事業者の規制機関は公報処であったが，1999年に「総合有線放送法」が全面改正されると，公報処の廃止に伴い規制機関は文化観光部へと変更された。2000年に「統合放送法」が施行されると，総合有線放送事業の規制権限は，今度は情報通信部へと移された。

ところが，「メディア関連法」下では，李明博政権が米国の連邦通信委員会をモデルに大統領直属機関である放送通信委員会を新設し，同委員会が総合有線放送事業を規制することになった。

さらに2013年２月に李明博大統領から朴槿恵大統領へと政権が交代する

図表５-４■総合有線放送事業の監督機関

	規制機関		
	総合有線放送事業者	番組供給事業者	ネットワーク事業者
総合有線放送法（1992年）	公報処	公報処	逓信部
総合有線放送法（1999年）	文化観光部	文化観光部	情報通信部
統合放送法（2000年）	情報通信部	放送委員会	情報通信部
統合放送法改正（2009年）	放送通信委員会	放送通信委員会	放送通信委員会
統合放送法改正（2013年）	未来創造科学部	未来創造科学部	未来創造科学部

注：未来創造科学部は2017年７月に科学技術情報通信部へと名称を変更している。
出典：筆者作成。

と，朴大統領は同年３月，新産業の振興を担う「未来創造科学部」を新設し，既設の放送通信委員会との職務分担を決定した。これにより，地上波テレビ放送に対する規制権限は放送通信委員会に残し，それまで放送通信委員会の管轄であった総合有線放送やIPTV，衛星放送に関する政策は未来創造科学部に移管することになった。なお，2017年５月に第19代文在寅大統領が誕生したことで，同年７月に未来創造科学部は「科学技術情報通信部」へと名称を変更している。

4　政府による総合有線放送への期待

韓国政府は総合有線放送事業を通じてどのように社会的潜在能力格差を是正しようとしてきたのだろうか。公的刊行物における言説を整理することで確認していきたい。以下，時系列に沿ってその具体的な内容を記していくが，引用部分はすべて筆者訳である。

総合有線放送の本放送を間近に控えた1995年１月９日，公報処の呉隣煥公報処長官（当時）は韓国ケーブルTV協会新年例会で「ニューメディア時代を拓こう」と題したスピーチを行った。同スピーチは公報処が1996年に発表した『ケーブルTV白書』に掲載されている。その内容を見てみると，総合有線放送がニューメディアの中心的存在として韓国社会における情報化を先導していくビジョンが示されていると同時に，地域の声を吸い上げる地域メディアとして機能していくことにも期待が寄せられている。

《ニューメディア時代を拓こう》

「ケーブルTVは近い将来，威容を誇るニューメディアの寵児として発展し，我々の社会を多チャンネル時代，マルチメディア時代，情報化時代へと先導的に導いていくものと確信している。（筆者中略）局在化時代に対応して，ケーブルTVが地域別世論形成の『場』となり，草の根民主主義の活性化に寄与することを信じている。ケーブルTVが正常に定着し，国民により多くの利益をもたらすことができるよう，政府レベルで継続的に支援していきながら，皆さんのご健闘をお祈りする」

出典：公報処［1996］388頁および390頁。

ところが，総合有線放送事業が３年間の累積赤字を出したことで，1999年に大幅な規制緩和が実施され，総合有線放送事業が自由市場に委ねられるようになってからは，総合有線放送事業者に地域メディア機能を求める声は少なくなっていった。放送委員会が2000年に発表した調査報告書『有線放送事業の育成とメディア発展政策の研究』では，MSO化の進行に伴って総合有線放送事業者の地域メディア機能が減少することは仕方のないことであるとの見解が示されている。また，総合有線放送事業者に運用が義務付けられている地域チャンネルについては，今後，広告媒体としての役割が期待されることになると述べている。

《有線放送事業の育成とメディア発展政策の研究》
「ケーブルSOの地域チャンネル運用状況を分析した結果，次のような問題点が導出される。
- 全体的に地域チャンネルの放送時間は増加しているが，番組内容が視聴者の関心を引き付けていない。
- （パブリック）アクセスチャンネルの役割を果たせていない。
- MSO化するのに応じて地域密着型メディアとしての役割は減少する一方，広告媒体としての役割は増加している」（括弧内筆者）

「MSO化が進行すればするほどケーブルTVの地域メディアとしての役割の重要度が落ちるのは仕方がないのが実情である」
「MSOは独立系SOと比べて，広告主の関心をより多く受けることになるだろう。地域チャンネルで放送される広告は，その地域に関連した，すなわち地域社会で事業をしている人々を広告主とする。ただし，MSOの場合，その広告の到達範囲が単一のSOサービスエリアではなくMSOのサービスエリア全体に拡大するため，広告到達率は増加する。（筆者中略）同じ広告を全MSO地域で同時放送することは，広告主としては望ましいことだといえる。また，前述したように，現在，地域チャンネルにおける広告のうち，ホームショッピング広告が占める割合は高くない。しかし，地域チャンネルの広告媒体としての役割が評価されれば，ホームショッピング放送が増加する可能性は高い。以上に鑑みると，地域チャンネルにおける広告の割合は今後増加していくのではないかと考えられる」

出典：放送委員会［2000］15頁，119頁，120-121頁。

さらに，ケーブルテレビのデジタル転換が本格化した2000年代半ばに放送委員会が発表した『SOデジタル変換実態調査研究』では，放送のデジタル化によって総合有線放送事業者が必ずしも地域に根差さなくなり，その役割を「単純な配給事業者」へと変化していく可能性が指摘されている。

このような総合有線放送の非地域メディア化についての言説は2010年代にも持ち越されており，放送委員会が2011年に発表した『CATVなど国内有料放送のデジタル移行活性化方案』においても，総合有線放送事業者が地域メディアとしての社会的役割を担うことが困難である理由として「統合放送法」における地域チャンネルの規定があることを述べている。

《SOデジタル変換実態調査研究》

「今後のDMC[40]モデルでは，SOの役割は，デジタル放送のために設立されたDMCからデジタル信号を受け，それを加入者に伝達する，単純なdistributor（配給事業者）へと変化する。各SOの役割は再調整され，既存のSOが抱えていた区域，すなわち行政上分けられていた伝統的な圏域の意味は徐々に減少していくと予想される（括弧内筆者）」

出典：放送委員会［2006］95頁。

《CATVなど国内有料放送のデジタル移行活性化方案》

「地域チャンネルを介して送信可能な放送番組の範囲は，大きく５つに分類される。第１に，視聴者が自主制作して放送を要求するパブリックアクセス番組，第２に総合有線放送区域内の地域生活情報番組，第３に地方政府の施策推進番組，第４に放送番組案内，第５にそのほか地域社会の発展と地域住民の利便性のために放送委員会あるいは地方政府が必要と認める放送番組である」
「以上の地域チャンネル編成規則は，地域報道番組の提供を禁止しているため，ケーブルTVの地域チャンネルが本当の意味で地域チャンネルとなることを制約している」

出典：放送通信委員会［2011］86-87頁。

5　ケーブルテレビの現況

(1) ケーブルテレビ産業の全体像

2017年７月現在，韓国には92社の総合有線放送事業者が存在するが，日本と比較するとかなりMSO化が進んでいる。MSOにはCJハロービジョン（23社），t-broad（23社），D'LIVE（17社），CMB（11社），現代HCN（８社）の５グループがあり，独立系事業者の数はわずか10社に過ぎない[41]。

2018年上半期の総合有線放送市場における事業者別加入シェアを見てみると，CJハロービジョンが29.7%（416万1,644世帯），t-broadが22.7%（315万1,123世帯），D'LIVEが14.9%（206万51世帯），CMBが11.2%（155万769世帯），現代HCNが9.1%（133万867世帯）と市場全体の87.6%（1,225万4,454世帯）を占めており，独立系事業者のシェアは12.4%（173万513世帯）にとどまっている（**図表５-５**）。

一方，総合有線放送の加入世帯数と世帯普及率は2017年現在，それぞれ約1,409万世帯と44.9%で，近年IPTVに顧客を奪われていることもあって，減少傾向が続いている（**図表５-６**）。

図表5-5■総合有線放送事業者の加入世帯シェア（事業者別・2018年上半期）

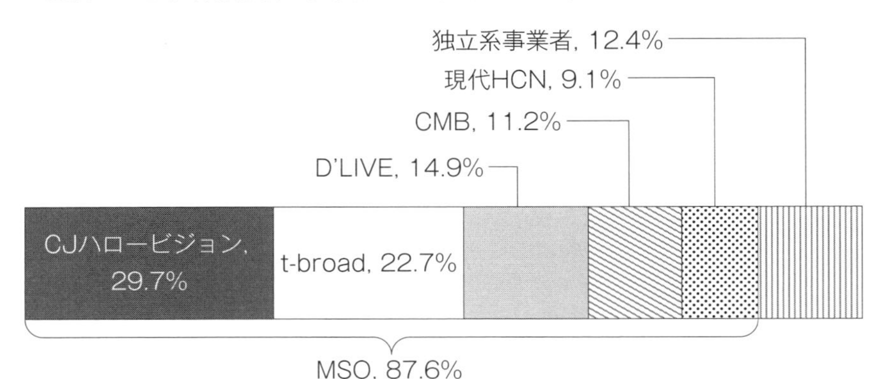

出典：科学技術情報通信部［2018b］をもとに筆者作成。

図表5-6■総合有線放送の加入世帯数・普及率の推移

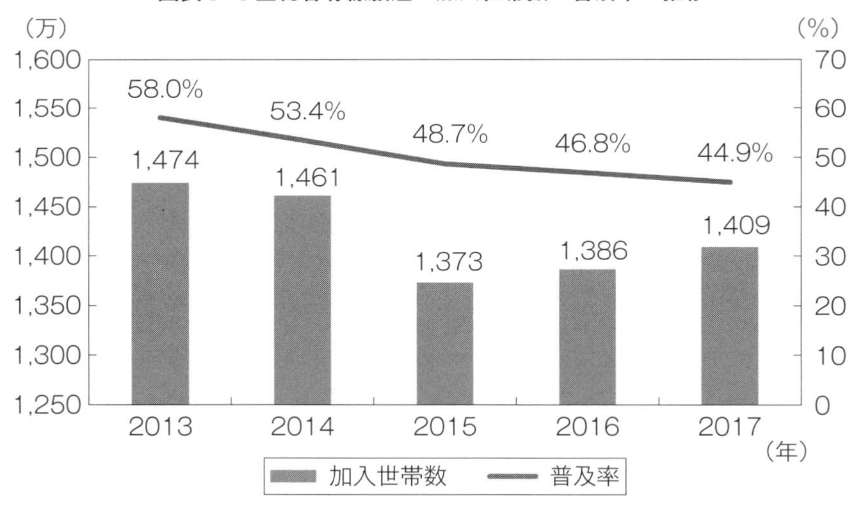

出典：放送通信委員会［2016］117頁，未来創造科学部［2018b］をもとに筆者作成。

⑵ 有料放送市場におけるケーブルテレビ

1995年5月の総合有線放送の本放送開始に伴い，韓国のケーブルテレビ産業は中継有線放送と総合有線放送から成る「二元構造」を構築した。これにより，総合有線放送事業者と中継有線放送事業者は同じケーブルテレビ事業者でありながらも，有料放送市場における競合関係に立つことになった。

2000年3月に中継放送事業者の総合有線放送事業への切り替えを可能にする制度が導入され，総合有線放送事業者による中継放送事業者の買収や合併が相次いだことで，総合有線放送事業者と中継有線放送事業者による熾烈な加入者獲得競争はその後徐々に収束を迎えた。しかし，2001年3月に韓国唯一のデジタル衛星放送プラットフォームであるKTスカイライフ[42]が本放送を開始すると，総合有線放送事業者は，今度は衛星放送事業者と有料放送市場のパイを奪い合わなければならなくなった。

さらに2007年末に「IPTV法」が成立し，リアルタイム放送が可能なIPTV サービスが全国区で提供可能になると，IPTV事業者という新たな競合者も登場した。2008年9月，SKブロードバンド，KT，LG Dacom（現LG U+）の電気通信3社がIPTV事業者として選定され，同年11月以降，順次IPTVサービス提供を開始した[43]。2009年8月からはKTが衛星放送とIPTVによる融合サービスを開始したほか，現在ではスマートモバイルデバイスでIPTVが視聴できるモバイルIPTVサービスも提供している。

有料放送市場のプラットフォーム別加入世帯シェアを見ると，総合有線放送は2008年頃までは80%以上の市場シェアを占め，安定して独占的な地位を享受していたが，IPTVサービスが開始された翌年の2009年からは減少傾向に転じ，2017年には総合有線放送とIPTVの市場シェアはほぼ同じ割合となっている（**図表5-7**）。単月ベースの加入世帯数では2017年11月についに総合有線放送加入世帯数（1,409万7,123世帯）がIPTV加入世帯数（1,403万8,842世帯）を下回った[44]。

総合有線放送の加入者がIPTVに流れた要因としては，「通信事業者であるIPTV事業者が，携帯電話と組み合わせたセット商品を武器にできたこと」，すなわち総合有線放送事業者が提供するトリプルプレイ・サービスでは，IPTV事業者が提供するクワトロプレイ・サービスに太刀打ちできなかったことがある[45]。総合有線放送事業者は有料放送市場において過渡期を迎えている。

韓国では2010年代初頭から，地上波テレビ事業者や総合有線放送事業者，IPTV事業者がOTT-Vサービスを提供している。たとえば，MBC，SBS，KBSの地上波テレビ放送事業者３社と韓国教育放送公社（Korean Educational Broadcasting：EBS）は2012年７月に「Pook」を，総合有線放送事業者であるCJハロービジョンは2010年６月に「tving」を，IPTV事業者のKTは2011年１月に「Olleh TV」をそれぞれ立ち上げており，自社コンテンツのリアルタイム配信やVODサービスの提供を行っている。

ただし，放送通信委員会［2017］によれば，人々に頻繁に利用されているのはYouTubeやFacebookといった無料のOTT-Vサービスであり，有料

図表５-７■有料放送市場における加入世帯シェア（プラットフォーム別）

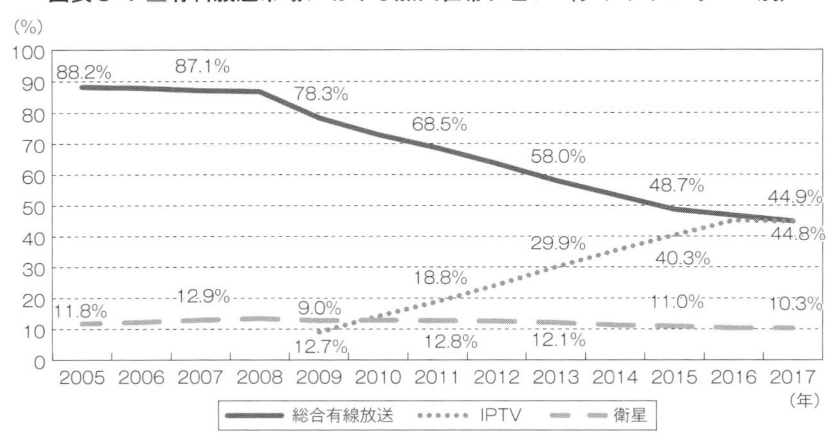

出典：科学技術情報通信部［2018a］，放送通信委員会［2016］101頁をもとに筆者作成。

OTT-Vサービスの利用者は２％未満にとどまっている[46]。また，OTT-V利用者の大部分が有料放送サービスの利用を継続する意思があるという調査結果も明らかになっている（**図表５-８**）。これに鑑みれば，OTT-Vは有料放送の代替材というよりも補完財として捉えられており，現時点ではコード・カッティングは起こっていないと判断することができよう。

なお，Netflixは2016年に上陸しているが，コンテンツ不足による苦戦が続いている。

⑶ 通信市場におけるケーブルテレビ

韓国では，1995年以降，政府主導でブロードバンド基盤が拡充されてきた。当時最大の総合有線放送事業者であったスルーネット（ThruNet）が1998年10月に韓国初のケーブルモデムによるブロードバンド・サービスを開始し，1999年６月には最大手電気通信事業者であるKTがxDSLサービスを開始するなど，当初はケーブルモデムとxDSLが競合する形でブロードバンド加入者が拡大した。

図表５-８■OTT-V利用者の有料放送サービス利用継続意思

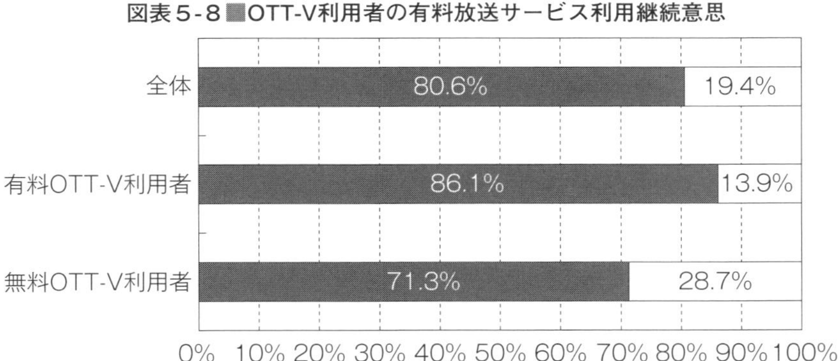

出典：放送通信委員会［2016］291頁をもとに筆者作成。

その後，政府が自由競争を重視するブロードバンド政策を採用したことや，各事業者がサービス内容の差別化を行わずに価格競争に没入していったことに伴い，ブロードバンド市場は短期間で急成長し，2000年代半ば頃には飽和状態を迎えた。しかし，現在はケーブルモデムやxDSLからLANとFTTxへの加入者移行が進展しており，激しい市場競争が続いている[47]。

2018年３月現在，韓国のブロードバンド加入者数は前年同時期比で0.8%増加し，約2,148万5,019となっている。ブロードバンド市場のシェアは，技術別にみるとFTTHが75.5%，ケーブルモデムが18.4%，DSLが4.4%，その他が1.7%とFTTHが圧倒的に多い。また，事業者別にみると，2018年３月現在，KT，SKブロードバンド，LG U+の電気通信事業３社が市場の85%を寡占している状態で，総合有線放送事業者の存在感は薄い。

固定電話市場においても，2016年現在の加入者数はKTが1,612万6,605，LG U+が486万9,151，SKブロードバンドが427万7,939と電気通信事業者が市場を席巻しており，次点のCJハロービジョンは59万8,919にとどまっている（**図表５-９**）。

⑷ ケーブルテレビ事業者の注力事業

総合有線放送事業者には地域チャンネルの運用が義務付けられているほか，「地域性・社会的・文化的必要性と妥当性」というIPTV事業者や衛星放送事業者にはない再許可審査基準がある。これらは総合有線放送の地域メディアとしての機能を維持しようとする政府の試みとして捉えることができる。

しかし，韓国情報通信政策研究院（Korea Information Society Development Institute：KISDI）の調査では，総合有線放送事業者の全売上高のうち放送事業の売上高が占める割合は2011年の75.2%から2013年の69.4%へと減少傾向にあり，放送事業から通信事業への重心移動が始まっ

図表５-９■固定電話市場における加入者数（事業者別）

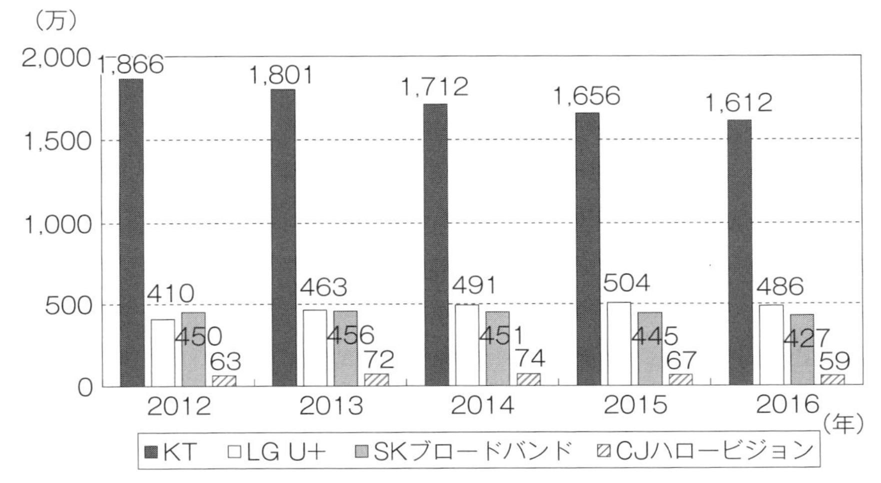

出典：TeleGeography Research, *GlobalComms data*をもとに筆者作成。

ていることが明らかになっている（**図表５-10**参照）[48]。放送事業においては，ホームショッピング手数料による売上高が大きく伸びており（2009年は21.4%，2013年は31.5%），総合有線事業者が地域情報番組の提供を中心とした地域向けサービスに注力しているとは考えにくい[49]。

インタビュー調査を実施したCJハロービジョンとD'LIVEも地域向けサービスを主要事業として挙げることはなく，2012年時点で最も重要視しているのは通信サービスを中心とした新サービスを低価格で先駆的に提供することであるとの共通回答が得られた。

具体的には，CJハロービジョンは「KT料金の20%～30%程度でのインターネット接続サービスの提供」，「ギガ・インターネットおよびギガWi-Fiの提供」，「スマートフォンの自社開発」を，D'LIVEは「超高速インターネット接続サービス」，「MVNOサービスの低価格提供」，「Nスクリーン・サービスの提供」[50]に特に焦点を当てているという。なお，CJハロー

図表5-10■総合有線放送事業における事業別売上高割合の推移

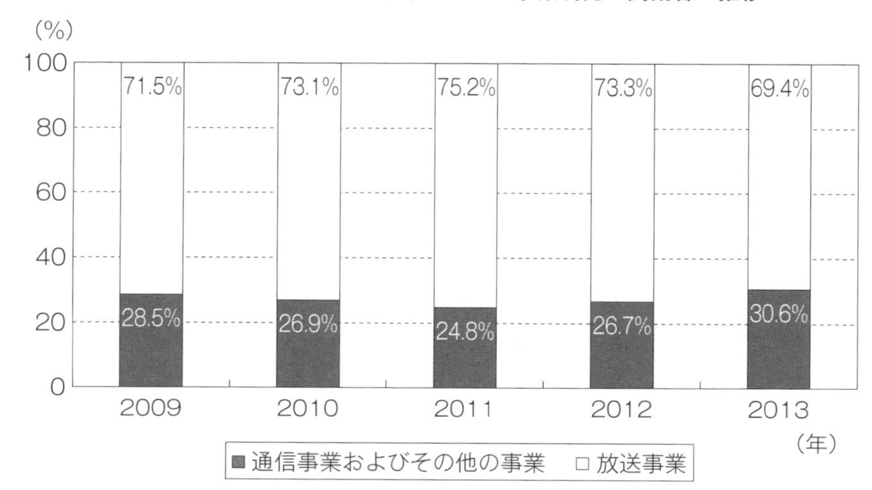

出典：韓国情報通信政策研究院［2015］3頁をもとに筆者作成。

ビジョンとD'LIVEには，今までに一度も公的支援措置を受けたことがなく，官民連携事業も行ったことがないという共通点もあった。

自主制作チャンネルにおける地域番組の編成比率に目を向けてみると，CJハロービジョンは24.5%，D'LIVEは0.0%にとどまっている（**図表5-11**）。両社はともに，地方選挙期間以外に地域情報番組を積極的に提供することはなく，放送外サービスにおいて地域性を打ち出すこともないとのことだった。また，金［2014］によれば，地域チャンネルにおける再放送率は総合有線放送事業者によって高いところで96.9%，低いところで52%程度と，地域チャンネルの編成は形式的なものに陥る傾向にあり，地域チャンネル運用義務が形骸化していることがうかがえる[51]。

図表５-11■自主制作チャンネルにおける１週間当たりの地域番組編成比率（2015年１月23日～2015年１月29日）

	事業者名	サービスエリア	自主制作チャンネルの総放送時間	地域番組の総放送時間数	地域番組の編成比率
日本	ZTV	三重県津市	7,560分	5,985分	79.2%
日本	ケーブルテレビ富山	富山県富山市	30,240分	24,215分	80.1%
韓国	CJ ハロービジョン	ソウル市陽川区	10,080分	2,472分	24.5%
韓国	D'LIVE	ソウル市江東区	10,080分	0分	0.0%
台湾	kbro	台北市	20,160分	6,660分	33.0%
台湾	大豐有線電視	大豊市	30,240分	8,115分	26.8%

出典：各社公式サイトおよびインタビュー調査をもとに筆者作成。

6 小　括

韓国におけるケーブルテレビ事業の変遷を「企業の制度的特徴」,「政府の制度的特質と能力」,「政府企業間のインターフェイス」,「是正すべき潜在能力格差」という政府企業間関係の４つの規定要因に基づいて分析すると，その特徴は以下のように整理される。

ケーブルテレビ事業者の制度的特徴としては，現在は総合有線放送事業者が主なケーブルテレビ事業者であること，中央政府は総合有線放送事業者にとって重要なステークホルダーであったが時代が下るにつれてその関係性が希薄化していること，電気通信事業者（IPTV事業者）が有料放送市場においても通信市場においても総合有線放送事業者にとって最大の競合者であることが挙げられる。また，地域向けサービスや放送サービスではなく，先進的な通信サービスを低価格で提供することに注力していることも総合有線放送事業者の特徴である。

政府の制度的特質と能力としては，中央政権的なメディア統治と大統領交代に伴うケーブルテレビ政策の中断が挙げられる。金泳三政権は「三分割制度」という独特の事業構造を構築し，規制政策や公的支援制度の整備を通して計画的に総合有線放送事業を立ち上げた。その際に地方政府が総合有線放送事業に携わることは非常に稀で，中央政府に権限の大部分が集中していた。しかし，アジア通貨危機が起こったことで金泳三政権時代のケーブルテレビ政策のほとんどが打ち切られることになり，以降政府がケーブルテレビ市場に積極的に介入することは少なくなっていった。

また，韓国では新政権成立に合わせて新しいメディア政策を展開したり，省庁再編を実施したりすることが習わしとなっており，これもケーブルテレビ政策の中断に少なからぬ影響を与えていると考えられる。以上に鑑みると，韓国政府のケーブルテレビ事業への関与の仕方は，日本のそれと比べると分断的であったといえよう。

政府企業間のインターフェイスとしては，規制政策と支援措置がある。ただし，総合有線放送事業開始当初存在していた規制や支援措置の多くが金泳三政権から金大中政権への政権交代を機に姿を消したため，政府企業間のインターフェイスは時代が下るとともに少なくなっている。なお，日本では多く見られた官民連携事業というインターフェイスは，韓国にはほとんど存在しない。

政府が総合有線放送事業を通じて是正しようとした潜在的能力格差としては「政府・市民間の権力格差」が想定されていたことが明らかになった。韓国ではメディアが長らく政府の宣伝機関と化していたため，総合有線放送事業者に地域情報や多チャンネルサービスを提供させることで，市民が入手あるいは発信できる情報の量を増やし，草の根民主主義を育成しようとしたのである。しかし，1990年代後半以降に発表された公的刊行物においては，総合有線放送が地域メディアとしての役割を担うことは困難であり，今後は有料放送市場における単純な配給事業者としての役割を果たすようになるとの見解が示されている。

韓国のケーブルテレビが地域メディアとして定着しなかった要因としては以下の3つが挙げられる。第1に，韓国の地理的特徴がある。韓国の国土は日本の4分の1程度で，山間地帯であっても標高1,000m前後と比較的平坦な地形をしており，国土の利用率がきわめて高い。さらに全人口の半数近くが首都圏に集中していることも手伝って，難視聴問題は中継有線放送事業者が事業を展開していた1970年代末にはすでに解消していた。そのため，1990年代半ばから事業を開始した総合有線放送事業者が地域に根差した事業を展開しなければならない理由は弱かったと考えられる。

第2に，地方自治制度の中断がある。韓国では，1960年4月の学生革命によって李承晩大統領が退陣した後に発足した第二共和国において初めて地方自治制度が導入された。しかし，同制度は1961年に軍事クーデターによって早速中断され，その後，韓国の地方自治が復活したのは民主化宣言（1987年）と地方議会の復活（1991年）を経て，地方政府長の公選が行われた1995年のことであった。

奇しくも総合有線放送事業と地方自治制は同年にスタートを切ることになったが，直轄市（現・広域市），道，市，郡といった新しい行政区域が人々の生活に浸透するにはある程度の時間が必要となる。地方自治制度が古くから社会に根付いていた日本とは異なり，1995年当時の韓国では住民間に地方行政区域を元にした地域アイデンティティは形成されておらず，それゆえ，地方政府や地域住民が総合有線放送事業者と協働して地域メディアを作り上げていくという動きが生まれづらかったのではないか。統合と効率を図るために地域メディアが抑圧されていた時代があったことも韓国の研究者によって報告されている[52]。

第3に,「統合放送法」の規定がある。同法では総合有線放送事業者が地域チャンネルにおいて特定の事案に対して解説や論評を行うことが禁じられているが[53],これは,総合有線放送事業者の物的・人的基盤がジャーナリズム機能を果たすには零細で,当該地域の土着勢力と癒着する可能性があり,地域世論を独占することを懸念してのことである[54]。このような条項は総合有線放送事業者が地域社会における課題を論じたり,その問題解決に貢献したりする機会を著しく制約しており,総合有線放送が地域メディアとして定着する妨げとなったと思われる。

●注

1 京城放送局は日本で4番目のラジオ放送局として1926年にソウル市で開局した。そのため,旧逓信省は「JO」で始まる呼出符号は内地用に,「JB」は朝鮮に,「JF」は台湾に,「JQ」は関東州にそれぞれ割り当てていたが,京城放送局には呼出符号として「JODK」が割り当てられた。ラジオ番組は,日本語70%朝鮮語30%の比率で韓国一帯に放送された(黄[1998]54頁,ヒューマンレポート[2013]29頁)。

2 秋元[1975]27頁。

3 秋元,同上論文,27頁。

4 1954年には韓国公営放送に続く韓国で二番目の放送局であり,初の民間ラジオ放送である基督教放送(Christian Broadcasting System:CBS)が設立された(ヒューマンレポート,前掲記事,30頁)。

5 秋元,前掲論文,28頁。黄,前掲論文,58頁。

6 ソウルテレビジョン放送局は,1968年7月にソウル国際放送局とソウルテレビジョン放送局とを統合して国営中央放送局を発足した後,1973年に放送事業を公社化し,現在の公共放送事業者である韓国放送公社(Korean Broadcasting System:KBS)を発足している。

7 5.16奨学財団は1962年に軍事クーデター勢力によって設立された財団である。1979年に朴正熙政権の終結とともに解散した(黄,前掲論文,59頁)。

8 1970年6月,外来文化の無分別な導入を防ぎ,芸能・娯楽番組の低質性や低俗性を排除する目的で発表されたのが「放送浄化11項」である。1973年にはより具体的な「放送浄化実施要項」が発表され,家族・地域・階層間の葛藤をはじめとする私的,退廃的,扇情的,あるいは秩序がない番組の放送を禁じるなど,放送番組に関する禁止事項が厳格に規定された。なお，放送されるべき番組内容として提示されたのは，国論をはじめとする公共的なもの，健全なもの，秩序のとれたものである（黄，同上論文，61頁）。

9　「国家非常事態宣言に伴う放送施策」は1971年12月に発表された。これにより放送の自立性が抑制されたが，編成面においては特に多くの統制が加えられた（黄，同上論文，61頁）。

10　黄，同上論文，60-61頁。

11　秋元，前掲論文，29頁。Kwak［1999］p.17.

12　橋本［1998］59頁。

13　Jeong *et al.*［2009］p.111.

14　盧泰愚大統領候補（当時）が1987年６月29日に発表した政治宣言であり，正式名称は「国民の大団結と偉大な国家への前進のための特別宣言」である。大統領直接選挙制の導入，金大中を含む民主化運動関連政治犯の赦免・復権措置，言論の自由の保障および強化，地方自治の実現と教育の自由化実現等を骨子とした。

15　Kim［2011］p.19. クォン他［2001］。

16　処は日本の庁に該当する。

17　試験放送は，1991年７月から１年間にわたって，ソウル市の木洞と上鶏洞にあるアパート団地の約8,500世帯を対象に実施された（クォン他［2001］）。

18　金泳三大統領は政治経済面におけるさらなる民主化を推し進めようと，同時期に地方自治制の導入も着手している（橋本，前掲論文，４頁。ヒューマンレポート，前掲記事，32頁）。

19　1997年５月には，都市周辺部や農漁村部における23の地域においても23事業者が正式に認可された（橋本，前掲論文，60頁。橋本［1999］５頁。Schejter and Lee［2007］p.11）。

20　金［2014］149頁。

21　「総合有線放送法（1992年）」第17条において，情報通信部長官が総合有線放送のネットワーク事業者の指定権を有することが明記されている。

22　橋本［1998］61頁。

23　参入規制では，番組供給事業者は公報処の許可が，ネットワーク事業者は逓信部の指定がそれぞれ必要であった（第13条）。

24　黄，前掲論文，72頁。

25　川竹［1995］41頁。

26　イ［2002］。

27　黄，前掲論文，67-68頁。橋本［1998］61頁。

28　橋本［1999］５頁。クォン他［2001］。

29　橋本，同上論文，６頁。クォン他［2001］。キム・チュ［1998］。

30 クォン他［2001］。

31 橋本［1999］6頁。

32 李明博政権がメディア改革を重要視した背景には，前盧武鉉政権が政府寄りの定期刊行物に対して販売流通の面で国庫支援したり，政府寄りの報道を行う地上波放送局に対して放送時間延長等の支援を行ったりしたことがあったといわれている（黄，前掲論文，54頁。ヒューマンレポート，前掲記事，33頁）。

33 番組供給事業者は総合有線放送や衛星放送で放送するための番組を制作・供給する事業者であるが，その中には，報道，教養，娯楽など多様な分野で放送番組を編成する総合編成事業者と，特定の放送分野だけで編成する専門編成事業者とがある。さらに，専門編成事業者のうち報道番組に特化した事業者は報道編成事業者と呼ばれる。2009年以前の韓国には，報道専門事業者のほか，ドラマやスポーツ，映画等の専門チャンネルを提供する専門編成事業が100以上あったが，総合編成事業者は存在しなかった。ところが，2009年の「メディア関連法」成立により，新聞社と大企業は，地上波テレビ放送事業については10%まで，総合有線放送事業および報道専門事業については30%まで出資できることになったのである（玉置［2009］60-61頁）。

34 玉置［2009］は，李明博政権が構造規制緩和を実施した狙いとして以下の４つを挙げている。すなわち，①コンテンツ制作能力や資本力がある事業者を放送事業に参入させることで，放送産業を活性化させる，②視聴者に多様な選択肢を与える，③競争原理を導入して放送番組の質を高めることで番組の海外輸出を拡大し，放送・コンテンツ産業を育成する，④総合編成チャンネルを育成することで，放送業界全体の再編を促す。

35 朴槿恵大統領は2013年２月10日に政権の座についたが，2016年12月９日に朴槿恵大統領に対する弾劾訴追議案が国会で可決されたことを受け，同日から2017年３月10日までは，国務総理であった黄教安が大統領権限を臨時代行した。第８回情報通信戦略委員会は12月27日に開催された。

36 Kim［2011］p.21.

37 日本貿易振興機構［2011］１頁。

38 日本貿易振興機構［2011］1-3頁。

39 コンテンツ振興策を後ろ盾に，番組供給事業者は1990年代後半からコンテンツの輸出を開始し，周辺諸国において人気を博した。日本においては2004年に放送されたテレビドラマ「冬のソナタ」を基点に韓流ブームが沸き起こっている。

40 総合有線放送事業者がそれぞれにデジタル化を図ると膨大な費用が必要となるため，費用削減を目的に，デジタル・ヘッドエンド機器を共同運用する事業をデジタル・メディア・センター（Digital Media Center：DMC）という。

41 科学技術情報通信部［2018］。

42 KTスカイライフを構築するにあたり，通信事業社のKTや地上波テレビ放送の

KBSおよびMBSを筆頭に，放送・通信・新聞など100社以上が参加するコンソーシアムが2001年１月に設立された。KTスカイライフは2001年11月から試験放送を，2001年３月から本放送を開始し，2015年６月からは３つのチャンネルで4Kサービスを商用提供している（NHK放送文化研究所［2018］39頁）。

43 SKブロードバンド，KT，LG Dacomの３社は，「IPTV法」成立以前は，通信サービスの範疇で提供可能であったVoD主体のIPTVサービスを2006年７月から提供していた。

44 図表５-７では各有料放送プラットフォームの年間平均加入者数をもとに加入世帯率を算出しているため，2017年度においても総合有線放送がIPTVを上回っている（科学技術情報通信部［2018］）。

45 米谷・三澤［2016］５-６頁。

46 放送通信委員会［2017］144頁。

47 Ovum Consulting［2009］p.６.

48 KISDI STAT［2015］p.３.

49 id., p.４.

50 Ｎスクリーン・サービスとは，テレビ，PC，スマートフォン，タブレットなどのデバイスで，時間や場所を問わずに自社コンテンツを視聴可能にするマルチスクリーン型ネット放送サービスである。マルチ（ｎ種類の）スクリーンでコンテンツを楽しめることから，「Ｎスクリーン」という名称がつけられた。

51 金［2014］155頁。

52 ジョ［2003］。

53 第70条（チャンネルの構成と運用）④総合有線放送事業者は大統領令により地域情報および放送番組案内と公示事項等を制作・編成および送信する地域チャンネルを運用すべきである。ただし，地域チャンネルでは地域報道以外の報道，特定の事案に対する解説・論評は禁じる。

54 シン・キム［2011］。

第6章

台湾における
ケーブルテレビ事業

1 放送のはじまり

(1) 日本統治時代におけるラジオ放送

台湾における地上波ラジオ放送が開始したのは，日本統治時代のことである。1925年６月に台湾統治始政30周年として台湾総督普旧舎内で10日間の試験放送を実施した後，総督府交通局逓信部が直営する形で1931年１月より本放送を行った[1]。コールサインには，台湾の中央放送局という意味合いの「JFAK」があてがわれた[2]。

同年２月，総督府によって社団法人台湾放送協会が設立されると，それ以降は台湾放送協会が官の設備を無償で使用しながら，放送番組の制作や編成，聴取者普及活動等を行うこととなった。ただし，放送施設の建設や運営は引き続き総督府が担当し，協会役員も総督府幹部が兼任していたほか，「皇民化」政策の一環として「ラヂオ放送は常に國語（日本語）普及の促進を念とすること（括弧内筆者）」[3]が期待されるなど，当時のラジオは統治のための道具としてみなされていた[4]。

1941年に太平洋戦争が開戦し，1942年にラジオ第二放送が開始すると，戦意高揚を図るために台湾語や平易な日本語によるニュース番組が放送されるようになった。ニュースは東京から放送される全国ニュースを台湾向けに再編集したもので，戦況に関しては日本国内同様，大本営発表が唯一の情報源であったため，台湾における情報統制は強化される一方であった[5]。

その後，1945年８月15日に日本が敗戦し，台湾が中華民国政府に「光復」されると，同年11月には台湾放送協会の施設も中華民国の接収委員によって正式に接収された[6]。

(2) 国民党戒厳令下のラジオ放送

1949年に国共内戦に敗れた蔣介石率いる中国国民党政府が中国本土から台湾に移転し，反共産主義の名の下に戒厳令を下して一党独裁制の圧政を敷くと，中国統一という目標の下に国家総動員体制がとられ，憲法を超える「動員戡乱時期臨時条款（反乱鎮定動員時期臨時条項）」が成立した。これにより国民党政権への批判活動はその後40年にわたって弾圧されることになった[7]。

この間，台湾光復以降に中国大陸から台湾に移住してきた外省人[8]が政府，中国国民党，軍部の特権支配階級として台湾を統治し，放送事業の統制や「報禁（新規新聞の発行禁止）」と呼ばれる言論統制体制によって言論の自由を封殺するなど，「中国化（Sinicization）政策」が進められた。この頃には政府や中国国民党，軍部，警察が経営するラジオ放送局が複数開局していたが，反共宣伝を国語（中国共通語）で行うものがほとんどであり，すべてのラジオ局が中国国民党支配下にあった。

(3) 地上波テレビ放送による「三台体制」

日本が残した産業基盤を接収し，中国国民党政府が台湾経済をほぼ支配すると，地上波テレビ放送が開始した。1962年に台湾電視公司（TTV），1969年に中国電視公司（CTV），1971年に中華電視公司（CTS）がそれぞれ設立され，地上波テレビ放送３局による「三台体制」[9]が整った。

三台は広告収入を財源とする株式会社であったが，実質的にはラジオ同様，政府・中国国民党・軍部の「三者同盟」によって統制されていた。設立当初の台湾電視公司の株式保有割合は台湾省政府が49%，日本のテレビ放送事業者４社が40%，台湾の民間事業者が11%だったほか，中国電視公司の株式の50%は国民党下にある中国の放送事業者が保有していた。また，中華電視公司は教育部と国防部が経営権を有し，軍部と社会教育の強化のために開局したもので，国防部が株式の51%を取得していた。そのため，三台は「いわば一党独裁支配下の国営（党営，官営，軍営）の商業放送局」[10]だったといえる[11]。

放送の周波数割当ての決定権は国防部と交通部電信総局が掌握し，放送免許付与権限や放送番組の検閲権限は行政院新聞局にあったが，国民党の文化工作組と台湾軍管区司令部が検閲における裏の中枢として活躍していたこともあり，三台は台湾の文化的・言語的ローカリズムを抑圧しながら，三者同盟のイデオロギー的道具として機能していた[12]。

なお，包括的な文化政策の欠如や度重なる官僚間の内紛により，地上波テレビ放送を規制する「廣播電視法（ラジオ・テレビ法）」が制定されたのは，最初の地上波テレビ放送局が設立された14年後の1976年のことである。同法により，三台体制による放送制度が制度化され，放送が国家政策や行政方針を公表するための機能を果たすことが義務化された[13]。

2 違法メディアとしてのケーブルテレビの登場

(1) 社區共同天線電視による難視聴解消

台湾における最初のケーブルテレビ事業者は，1969年に台湾東部の花蓮県あるいは台湾中部の嘉義県で，顧客の地上波テレビ放送の難視聴問題の解決を目的に，アフター・サービスとして共同受信アンテナを設置した家電製品販売業者であるといわれている[14]。

このような難視聴対策を目的としたケーブルテレビは「社區共同天線電視（コミュニティアンテナ・テレビ）」と呼ばれ，およそ10年間の法的空白期間の後，1979年に「電視增力機，變頻器及社區共同天線電視設立標準辦法（テレビブースター，周波数変換機およびコミュニティアンテナ・テレビに関する設立基準法）」が制定されたことでようやく合法化された。同法において，社區共同天線電視のサービス内容はあくまで難視聴解消を目的とした地上波テレビ放送の再放送に限定された。

⑵ 第四台と多チャンネル化の実現

社區共同天線電視が合法化される少し前の1976年頃，ビデオ・カセット・レコーダー（Video Cassette Recorder：VCR）を用いて，レンタルビデオ店で借りたビデオテープや映画の海賊版ビデオテープを空きチャンネルで放送するケーブルテレビ事業者が現れ始めていた。三者同盟の言語管理や全脚本の事前審査により客観性や多様性を欠いていた既存三台に対し，多様な番組を提供するこの新しいケーブルテレビは「第四台」と呼ばれるようになり，瞬く間に台湾全土に普及していった。

法律の整備が追い付かず，1980年代前半までの第四台は制度枠組外の無法メディアとして存在していたが，中国国民党政府は1984年に「廣播電視法」を改正し，ようやく第四台を違法化した。ただし，政府がケーブル網を切断したり設備を押収したりしても，事業者がすぐさま復旧を行うため，取り締まりの効果はほとんどなかったという。第四台の加入者は1985年までに台湾全土で120万に達し，台北市だけでも人口の約40%が第四台に加入していた[15]。

第四台への加入者が急激に増加したのは1990年頃だといわれているが，その背景には，第四台が国外の衛星放送のスピルオーバーを受信し始めたことがある。当時の第四台は，三台の再放送に加え，日本のNHK1，NHK2，JSBや中国の中央電視台を無断で再放送し，全国向けに約30チャンネルの多チャンネルサービスを供給していた。視聴者は初期費用として約40米ドル，月額料として毎月約20米ドルを支払っていたが，第四台が国外の衛星放送番組に対して著作権料を支払うことはなかったため，番組調達費用はタダ同然であった[16]。

1995年にNHK放送文化研究所が台湾の調査会社を通じて実施した調査によれば，第四台の主要視聴者層は男性若年層で，加入理由は「番組の選択の幅が広い（47.6%）」が圧倒的に多く，「地上波は番組が少ない」「地上波３局の番組がつまらない」も併せて9.8%に上ったとのことである[17]。

(3) 政治的プラットフォームとしての民主台

娯楽を主な目的とした第四台のほかに，もう１つ異なる方向性で発展したケーブルテレビとして「民主台」がある。

1987年に戒厳令が解除され，出版物に対する検閲の緩和や政党設立の自由化，選挙による国会議員の選出など，一連の民主化措置が採られたことを背景に，1989年に合法化された民主進歩党[18]は新聞よりも資本のかからないラジオやテレビでの宣伝活動を行うべく，ラジオ放送許可権の認可や地上波テレビ放送局の追加開局を再三申請した。ところが，出版物とは異なり，放送事業は依然として三者同盟の支配下にあり，イデオロギー性を維持していたため，政府はその訴えを退け続けた。そこで，痺れを切らした民主進歩党が自ら創設した非合法のケーブルテレビが「民主台」である。

民主台は，三台の情報操作に対抗する「政治的プラットフォーム（political platform）」[19]として注目を集めるようになった。最初の民主台は，民主進歩党支持者である立法院議員が1947年に勃発した2.28事件[20]に合わせて1990年２月28日に開局したものだといわれている。同年10月時点で23社が存在していた民主台は，台湾民主電視台全国連合会を発足し，1993年には51社にまでその数を増やした[21]。

民主台は，第四台同様，簡易な設備を利用して放送サービスを行う中小事業者であったが，自主制作番組を制作していた点に第四台との違いがある[22]。社会運動や街頭スピーチ，地方議会，国会の中継チャンネルを放送したほか，既存三台とは異なる立場で制作した独自のニュース番組を流すなど，その事業は利益追求というよりも政治的目的の下で展開されていた。

1991年に戒厳令解除後初の総選挙が実施された際には，民主進歩党の勢力拡大に懸念を抱いた郝柏村行政院長が中国国民党政権を後ろ盾に民主台の大規模な取り締まりに乗り出したため，閉鎖に追い込まれた民主台も存在したが，結局は雨後の筍のように新しい民主台が開局し，取り締まりの効果はほとんどなかった[23]。民主台は1991年あるいはその後の選挙でも精力的に民主進歩党の選挙運動広告を放送し，民主進歩党は各種の選挙で着実に議席を増やしていった。

3 ケーブルテレビの合法化

(1) ケーブルテレビ制度の整備

台湾におけるケーブルテレビ合法化の契機となったのは，米国政府からの知的財産権保護の圧力であった。経済成長による台湾からの一方的な輸出超過という貿易不均衡問題もあり，米国政府は著作権を無視して映画やテレビ番組を放送する第四台の行いに対して抗議し，台湾元を切り上げるなど，台湾政府に対して大きな通商圧力をかけたのである[24]。

このような動きを受け，中国国民党政府は1992年に「著作権法」を改正した後，1993年８月に「有線電視法（ケーブルテレビ法）」を制定し，その下で台湾全土を51区域に分けて，それぞれの区域でケーブルテレビ事業者を指定することとした[25]。これにより，台湾のケーブルテレビ事業は，「一時期は600社もあったといわれる混沌時代から合法化の時代」[26]を迎えた。

「有線電視法」は，まず，ケーブルテレビ事業の開始および廃業の許可や事業者間の争いを調停する有線廣播電視審議委員会（有線ラジオ・テレビ審議委員会）を発足した（第８条）。有線廣播電視審議委員会は，専門家および学者11人～13人と交通部および行政院新聞局の代表各１名の合計13人～15人で構成され，地方政府や市議会の代表者が会議に出席することも認められた（第９条）。

法案協議中には，地域メディアであるケーブルテレビは中央政府ではなく，より地域の関心を心得ている地方政府によって管理されるべきだと声が上がったものの，行政院が国土の小さな台湾では中央政府が各地域の声に耳を傾けることは困難ではないと判断したため，結局は中央集権型のケーブルテレビ管理システムが構築された[27]。また，審議委員会を構成する専門家や学者も中国国民党関係者がその過半数を占めていたため[28]，当時のケーブルテレビはあくまでも行政院新聞局によって中央管理されていたといってよいだろう。

構造規制としては，参入・退出規制，所有規制，料金規制が規定された。ケーブルテレビ施設の設置および撤去については，有線廣播電視審議委員会の審査を経て中央主幹機関である行政院が許可を下すこととなった（第８条，第19条）。また，台湾全土が51の区域に分割され，１区域最大５つのケーブルテレビ事業者が事業を行うことが規定された（第27条）。

当初の法案では，第四台の整理を目的に台湾を48から58までの区域に分けて１区域１事業者のみを許可する方針であったが，１地区当たりの配信対象が15万世帯程度となれば，大企業でなければ経営が困難になってしまい，資金や政治力のある財閥が市場を独占してしまうとの批判を受け，最終的には複数許可制度が採択された[29]。

ただし，許可を取得したケーブルテレビ事業者は交通部の定めた技術基準に従って伝送施設を高度化するために事業申請時に資本金２億台湾元を有していることが義務付けられたため（第23条），中小規模のケーブルテレビ事業者には厳しい参入条件となった。

所有規制としては，新聞社や地上波テレビおよびラジオ放送事業者の取締役，監査役，経理人[30]がケーブルテレビ事業者の申請人，取締役，監査役，経理人になることを禁じたほか，同一株主の持ち株比率が10%を超過することや株主の関連企業[31]や配偶者，二親等以内の血族および姻族の合計持ち株比率が20%を超過することも禁止された（第20条）。

さらに，ケーブルテレビ事業が緊張関係にある中国本土資本の影響下に入ることを警戒して，外国人がケーブルテレビ事業者の株主になることを禁じる規定も設けられた（第20条）。ただし，ケーブルテレビ事業者同士の兼業は禁じられていなかったため，MSO化は可能であった。

料金規制としては，ケーブルテレビ・サービスの月額料金は毎年行政院の許可を得なければならないとした（第43条）。

最後に番組内容規制であるが，台湾内で制作された番組が全放送番組の20%を占めることが義務付けられた（第36条）ほか，放送番組の事前審査はないものの，ケーブルテレビ事業者が従うべきガイドラインは以下のように設定された。

《有線電視法（1993年）第35条》

放送番組は以下の内容を含んではならない。

1．法律に違反または禁止されているもの

2．児童または少年の心身の健康を損なうもの

3．公の秩序善良の風俗を損なうもの

ただし，２の番組は，深夜または視聴制限チャンネルにおいては放送が認められる。

それに加え，1994年には，「言論の自由を保障するために，国家は電波の使用を公平，合理的に分配しなければならず，人民の平等なコミュニケーション・メディアへのアクセス権はコミュニケーション・メディアの編集の自由の原則との兼ね合いで尊重し，それを保障する法律を定めなければならない」[32]とする「メディア・アクセス権に関する大法官会議解釈第364号」を受けて，ケーブルテレビ事業者には「公用頻道（パブリックアクセス・チャンネル）」と「地方自製頻道（地域自主制作チャンネル）」の設置が義務付けられた。

番組は公序良俗を害さず非営利目的のものとすること，放送時間は同一団体で週7時間時間以下かつ1日で連続3時間以下とすること，チャンネル運営の経費は他の視聴者に転嫁されないこと，番組の持ち込みは無料であること，番組の放送は先着順であることなど，公用頻道や地方自製頻道の使用は規則によって制度化された。

なお，「有線電視法」は1999年に改正されて「有線廣播電視法（ケーブルラジオ・テレビ法）」へと名称を変更している。旧法が全文71条で構成されていたのに対し，新法は76条と内容が増え，増加部分の大半が独占の防止と消費者保護に充てられた[33]。

具体的には，「1区域5事業者」という規定が削除された代わりに，1つのMSOの加入者総数が全国加入者総数の3分の1を超えてはならないとする「全国加入者総数の上限」，1つの許可区域で1つのケーブルテレビ事業者の加入者数が2分の1を超えてはならないとする「1区域における加入者総数の上限」，所有するケーブルテレビ・システムの総数が全国の3分の1を超えてはならないとする「システムの総数規制」が独占防止のガイドラインとして規定された（第21条）。一方，外国資本の出資は50%まで認められた（第20条）[34]。料金規制においては，行政院に加え，地方政府の許可も必要となるという変更点があった（第51条）。

図表6-1■地上波テレビ放送とケーブルテレビ放送の平均視聴率推移

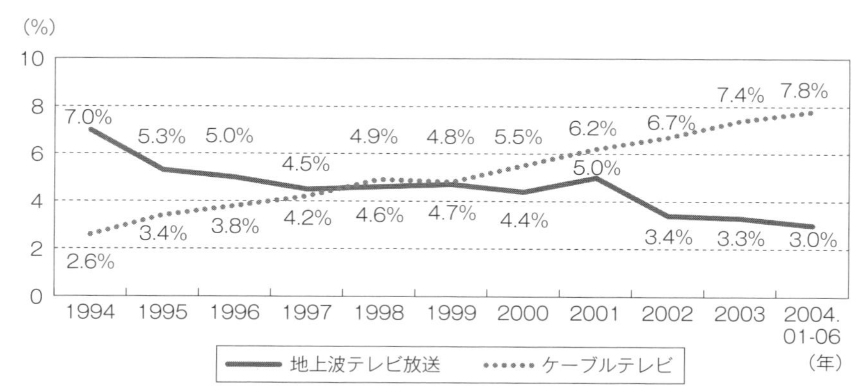

出典：邱［2006］66頁をもとに筆者作成。

合法化当時のケーブルテレビ事業者は，平均して60チャンネルを提供し，契約数は1万世帯から6万世帯程度であった[35]。普及率は約50%に上り，1999年頃からは地上波テレビ放送を上回る視聴率を獲得していた（**図表6-1**）[36]。

⑵ 民主化の推進と放送の多元化

1996年に台湾初の直接選挙で李登輝が総統に選出されると，その下で民主化が加速した。たとえば，1997年には「中華民国憲法」が修正され「国家は多元的文化を肯定し，積極的に原住民族[37]の言語文化を護り発展させる」（増修條文　修正10条9）との条文が加えられるなど，台湾光復以前から台湾に居住していた本省人[38]や原住民族の復権が目指された。

また，三者同盟の支配下にある三台とのバランスを取るために，民進党系地上波テレビ放送局の民間全民電視公司（Formosa TV：FTV）と公共放送局の公共電視文化事業基金会が1997年と1998年にそれぞれ開局するなど，放送メディアにおいても改革が進められた。

さらに2000年の総統選で民主進歩党の陳水扁が選出され，中国国民党から民主進歩党への初の政権交代が実現すると，2003年に「廣播電視法」，「有線廣播電視法」，「衛星廣播電視法（衛星ラジオ・テレビ法）」が改正された。これにより，外国資本の出資比率が60%に引き上げられるとともに，報道の自由擁護と民主主義の健全な発展を目的に「政・党・軍のメディアからの撤退」が決定された（第19条）。ケーブルテレビ事業者については，客家人および原住民族の言語や文化を保護するために「客家電視台（客家チャンネル）」や「原住民族電視台（原住民族チャンネル）」の無料提供が新たに義務化された（第37条の１）。

さらに陳水扁政権は2006年，独立行政法人である國家通訊廣播委員会（National Communications Commission，国家通信放送委員会）を設立し，放送における言論表現の自由，多チャンネル，多元的文化を担保する新しい放送制度を確立した[39]。国家通信放送委員会は，政・党・軍に代わって，電波資源や周波数の管理，放送局の許認可，放送内容の規制，通信・放送行政を全般的に管理することになった。

2016年には「有線廣播電視法」が再び改正され，ショッピングチャンネルの数量規制（第38条），外国資本の間接持株比率の計算方法（第９条），外国資本が投資する際の考慮要素（第15条）がそれぞれ明文化された。また，ケーブルテレビのデジタル化を加速させるために，「ケーブルテレビ事業者が新たに参入又は経営区域を拡大する場合には，デジタル技術によるケーブルテレビ・サービスを提供しなければならない」ことが明文化された（第７条）。

なお，ケーブルテレビ事業に関する法制度の整備が市場追認型だったことに加え，2003年に「政・党・軍のメディア撤退」が決定されたことで，台湾ではケーブルテレビ事業者に対する公的支援措置は存在しなかった。例外的に，原住民族が多く居住する区域でサービスを提供するケーブルテレビ事業者に対してコンテンツ支援を行う「離島及び花東地区におけるケーブルテレビ事業者の文化番組制作補助金」が存在するが，これはあくまで原住民族の文化保護を目的にしたものであり，一般的なケーブルテレビ事業者を対象にした支援制度ではない。

また，2017年のケーブルテレビの全面デジタル化の目標達成に向け，ケーブルテレビのデジタル化支援事業も行われているが，これは独立行政機関である国家通信放送委員会が実施しているものであるため，政府が直接的に関与しているわけではない。

国家通信放送委員会は「ケーブルテレビ放送事業発展基金」と呼ばれるデジタル化整備事業助成を2003年に開始した。同基金の財源は各ケーブルテレビ事業者から徴収される年間売上高の１％で，サービスエリア内の完全デジタル化を実現したケーブルテレビ事業者に対して加入世帯数の多寡に応じて200万～1,500万台湾元の補助を行う。また，１世帯につき２台のSTBの無料化，３台目のデポジット付レンタルの実施も行われてきた。その結果，2018年９月末現在のケーブルテレビのデジタル化率は99.91％に達しており，2019年内にデジタル化への完全移行が完了する見通しである[40]。

4 政府による総合有線放送への期待

台湾のケーブルテレビは長期にわたり非合法のメディアとして存在してきたが，最初のケーブルテレビである社區共同天線電視が合法化された1984年以降，政府はケーブルテレビ事業者に対してどのような社会的役割を期待するようになったのだろうか。以下では，公的刊行物に基づき，政府がケーブルテレビ事業を通じてどのような潜在能力格差を是正しようとしてきたのかを時系列に沿って整理する。引用部分はすべて筆者訳である。

1984年に「廣播電視法」が改正されたことで，難視聴対策のために三台の再送信を行う社區共同天線電視以外のケーブルテレビ事業者，すなわち第四台や民主台は，非合法的事業者として位置付けられるようになったが，1993年に「有線電視法」が制定されたことで合法化された。

しかし，その裏で台湾政府は1980年代からすでに新しいケーブルテレビ・システムの設立に関する議論を始めていた。1984年および1987年に発表された立法院広報では，教育番組や娯楽番組，地域発展に資するサービスを提供するような多チャンネル型ケーブルテレビ・システムの設立が今後求められるようになるのではないかとの指摘がなされている。

《ケーブルテレビ・システム設立要請》
「ケーブルテレビ設立の目的は情報サービスの提供及び娯楽番組の放送である。ケーブルテレビ事業者は視聴料金を徴収し，地上波テレビ放送のように広告収入に依存しないため，広告収入の減少に伴って番組水準が降下することはない。むしろ，番組の品質は強化され，地上波テレビ放送番組の改善を牽引することができる」

出典：立法院［1984］47-48頁。

《情報サービス技術の発展促進のためのケーブルテレビ設立》
「テレビ業界の新しい発展方向に伴い，ケーブルテレビはコンピュータと通信電子技術を組み合わせた新しい通信電子メディアによって，将来の国民生活に必要となる教育や娯楽，地域の発展に資するサービス提供を目指すなど，既に双方向へと発展している」

出典：立法院［1987］90-91頁。

その後，1994年に地方自製頻道の設置義務が追加されたこともあり，ケーブルテレビ事業者に地域メディア機能の提供という社会的役割を求める言説は1990年代末頃までは少ないながらも確認されたが，2000年代に入るとその言説内容に変化が見られるようになった。

具体的には，2003年の『2003廣播電視白皮書（2003ラジオ・テレビ白書）』に代表されるようなケーブルテレビ事業者による通信サービス提供の可能性に関する言説や，2013年の『ケーブル基本チャンネル組合規則および金利設定政策』に代表されるようなケーブルテレビを「社会の多様性を担保する責任を持つ公器」とする言説が増加しはじめたのである。このような台湾政府のケーブルテレビ社会的役割に対する考え方の変化は後節で論じるケーブルテレビ事業者の事業戦略にも色濃く反映されている。

《2003ラジオ・テレビ白書》

「現在の国内ケーブルテレビ事業者は放送番組に加え，技術の進歩やメディアの相互作用の結果，一部の事業者またはケーブル網を介してブロードバンド・サービスを提供するようになった。ケーブルテレビがデジタル化された後は，大容量の情報を圧縮して顧客に送信することで，ケーブルテレビ事業者は放送番組に加え，インターネット接続サービスやテレビ電話，VODサービス，ペイ・パー・ビュー番組，双方向機能サービス，セキュリティ・システム等の提供が可能となる。ケーブルテレビ事業の今後の発展可能性を無視することはできない」

出典：行政院新聞局［2003］89-98頁。

《ケーブル基本チャンネル組合規則および金利設定政策》

「原住民族（居住）地域等におけるケーブルテレビは，社会の多様性を担保する責任を持つ公器として事業を展開していくことが期待される（括弧内筆者）」

出典：立法院［2013］214頁。

5 ケーブルテレビの現況

(1) ケーブルテレビ産業の全体像

2018年5月現在，台湾には65社のケーブルテレビ事業者が存在する。その約6割がMSOに属しており，凱擘（kbro：12社），中嘉網路（CNS：11社），台灣數位光訊（TOP：6社），台灣固網（TFN：5社），台灣寬頻（TBC：4社）の5つのグループがある。ケーブルテレビ市場は，kbroが21.0%，CNSが21.3%，TOPが9.0%，TFNが11.0%，TBCが13.6%とMSOが全体の75.9%を占めており，27社の独立系事業者が残り24.1%を分け合う状況である（**図表6-2**）。

2017年現在，ケーブルテレビ加入世帯数は約522万5,000世帯，世帯普及

図表6-2■ケーブルテレビ事業者の加入世帯シェア（2018年第1四半期）

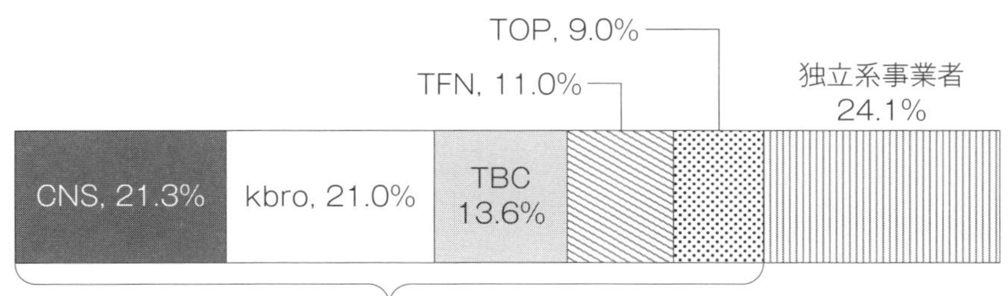

出典：国家通信放送委員会［2018a］をもとに筆者作成。

図表6-3■ケーブルテレビの加入世帯数・普及率の推移

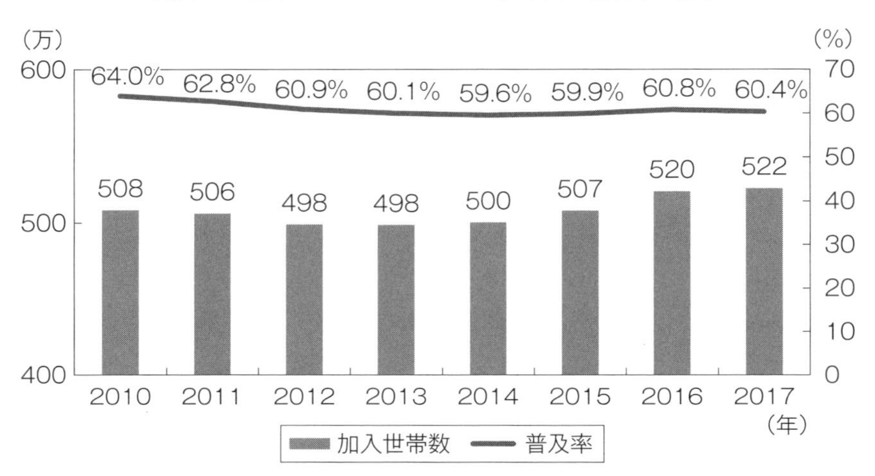

出典：文化部［2018］をもとに筆者作成。

図表6-4■地上波テレビ放送とケーブルテレビ放送の視聴占拠率の推移

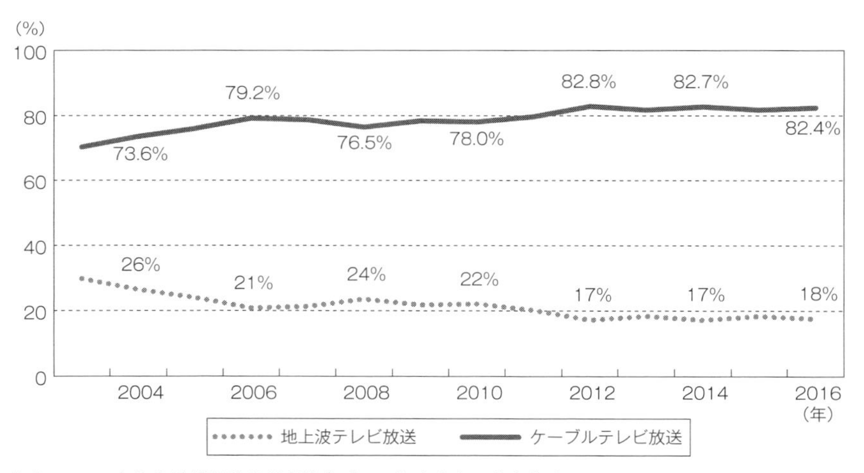

出典：MAA台北市媒體服務代理商協會［2018］をもとに筆者作成。

率は 60.4%となっており，横ばいの状況が続いている（**図表6-3**）[41]。ただし，違法加入世帯を含めるとその普及率は80%を超えるともいわれており，視聴占拠率も地上波テレビ放送を圧倒している（**図表6-4**）。

⑵ 有料放送市場におけるケーブルテレビ

有料放送市場においては，ケーブルテレビ事業者とIPTV事業者が主なプレイヤーとしてサービスを提供している。IPTVは，最大手電気通信事業者である中華電信が2001年から「MOD（Multimedia on Demand）」という名でIPTVと同様のサービスを台湾において唯一提供しているが[42]，「IPTVはケーブルテレビを模倣したものに過ぎない。価格は安いがチャンネルに魅力はなく，視聴者を引き付けるには不十分だ」[43]との指摘もなされるなど，市場競争力は高いとはいえない状態にある。

なお，台湾ではIPTVに関する明確な法的定義のない時期が長く続いたが，2007年に国家通信放送委員会がIPTVに代わる「多媒體內容傳輸平台（Multimedia Content Distribution Platform Service：MCDP）」という新たな枠組みを作り，「電信法」（1996年）に基づいてそのサービスを提供することを認めたため，中華電信は現在MCDPとして有料放送サービスを提供している[44]。その意味では，台湾にはIPTV事業者は存在しないことになるが，サービス内容に差はないため，本書では便宜上IPTVとする。

衛星放送事業者は1999年の「衛星廣播電視法」によってサービスを開始し，2017年12月時点では台湾資本の事業者２社と外国資本の事業者３社が営業を続けているが[45]，ケーブルテレビ向けに番組を供給する運営方式が主流となっている[46]。

このように有料放送市場においてはケーブルテレビ事業者を脅かすほどの競争力を持つ競合者はおらず，2017年現在の有料放送市場シェアを見てもケーブルテレビが76.5%，IPTVが23.5%と，ケーブルテレビの独走が続

図表6-5■有料放送市場における加入世帯シェア（プラットフォーム別）

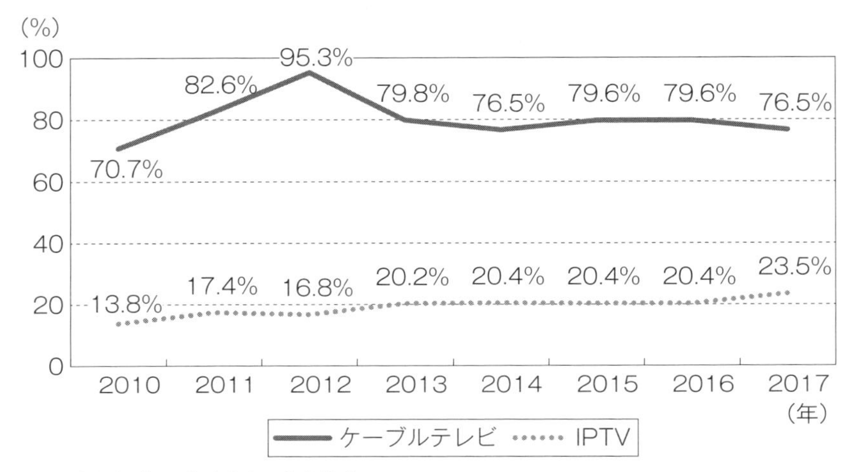

出典：文化部［2018］をもとに筆者作成。

いている状況である（**図表6-5**）。

OTT-Vは，2015年から2016年にかけてfriDay影音やLiTV，ELTA OTT，KTTVといった台湾発のプラットフォームが次々に開設されたほか，外国資本では米国のNetflixや中国の動画配信サイト大手である愛奇芸（iQiyi）が2016年から台湾でのサービス提供を開始し，ようやく萌芽が見え始めたところである。

OVOが2016年11月に実施した調査によれば，台湾で利用者の多いOTT-VサービスはYouTube（88%），愛奇藝（41%），LiTV（17%），Netflix（12%）と続き，OTT-V利用者のうち有料OTT-Vサービス利用者の割合は26%にとどまっている。そのため，現時点においてOTT-Vがケーブルテレビをはじめとする有料放送サービスに大きな影響を与えているとは考えづらい（**図表6-6**）。ただし，将来有料OTT-Vサービスを利用する意思がある利用者は83%に上るとの予測も出ており，これを考慮すれば，

図表6-6 ■OTT-Vサービスの利用状況（2016年・複数回答）

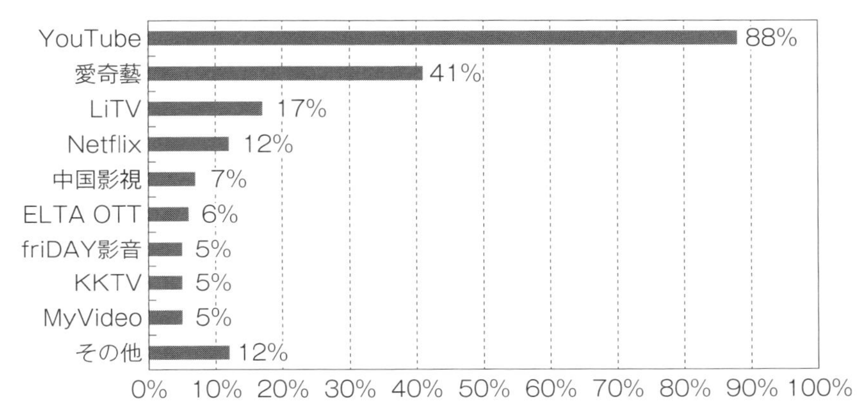

注：有料OTT-VサービスはNetfilx，中国影視，ELTA OTT，friDAY影音，KKTV。
出典：OVO［2016］をもとに筆者作成。

いずれはOTT-V事業者がケーブルテレビ事業者にとって最大の競合相手へと成長する可能性もある。

(3) 通信市場におけるケーブルテレビ

台湾では，「第一期国家情報通信の推進に関するプロジェクト（2002年～2006年）」，「第二期国家情報通信の推進に関するプロジェクト（2007年～2011年）」，「新世紀の第三期国家建設プロジェクト（2009年～2012年）」，「デジタル・コンバージェンスの推進に関するプロジェクト（2010年～2015年）」という国家プロジェクトを段階的に実施することでブロードバンド政策が展開されてきた。

アジアの先進国と比べてインターネットの普及が比較的遅れていた台湾であったが，2016年現在のブロードバンドの人口普及率は79.7%で[47]，2017年第1四半期における平均回線速度は16.9Mbpsと世界で16番目，アジア太平洋地域で5番目の早さを達成している[48]。

2018年3月現在，台湾における固定ブロードバンド加入者数は約571万と，前年同時期より0.4%増加している。同時期の固定ブロードバンド市場シェアを事業別にみると，最大手電気通信事業者の中華電信が78.5%と他を圧倒しており，その後に，ケーブルテレビ事業者であるTBC（3.6%）やkbro（2.3%），電気通信事業者である台湾大哥大（3.8%）や遠傳電信（2.4%）が続く（**図表6-7**）。なお，2017年時点での技術別市場シェアは，DSLが13.0%，ケーブルモデムが23.6%，FTTHが63.4%と，FTTHが最も大きかった[49]。

一方，固定電話市場は電気通信事業者が大部分のシェアを占有していて，ケーブルテレビ事業者が占める割合は非常に小さい。これは，そもそも固定電話サービスを提供するケーブルテレビ事業者の数が少ないことに起因

図表6-7■ブロードバンド市場における加入シェア（事業者別）

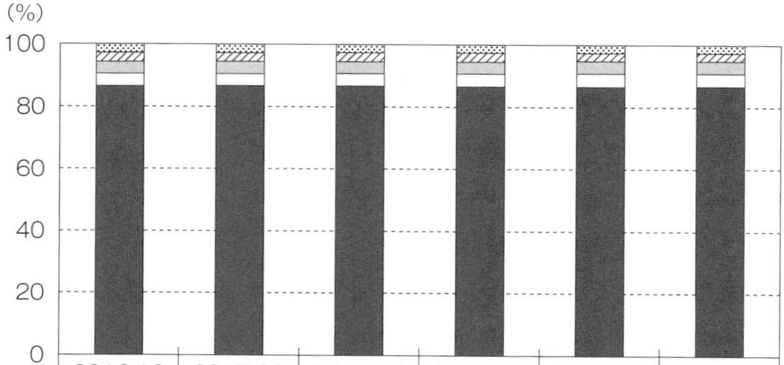

	2016.12	2017.03	2017.06	2017.09	2017.12	2018.03
kbro	2.5%	2.5%	2.4%	2.4%	2.3%	2.3%
遠傳電信	2.6%	2.5%	2.5%	2.6%	2.4%	2.4%
TBC	3.5%	3.5%	3.5%	3.6%	3.6%	3.6%
台湾大哥大	3.6%	3.6%	3.6%	3.8%	3.8%	3.8%
中華電信	78.8%	78.6%	78.4%	79.8%	78.2%	78.5%

出典：TeleGeography Research, *GlobalComms data*をもとに筆者作成。

しており，トリプルプレイ・サービスやクアトロプレイ・サービスを積極的に展開している日本や韓国のケーブルテレビ事業者とは大きく異なっている。

(4) ケーブルテレビ事業者の注力事業

台湾ではケーブルテレビ事業者が積極的に地域向けサービスを提供することはほとんどなく，公用頻道や地方自製頻道の利用状況も思わしくないのが現状である[50]。MSOであるkbroと独立系ケーブルテレビ事業者である大豐有線電視の地方自製頻道における地域番組の編成比率も，kbroが33.0%，大豐有線電視が26.8%にとどまっている（**図表6-8**）。

それに対し，ケーブルテレビ事業者が現在特に力点を置く事業としては「通信サービスの低価格提供」と「マイノリティの意見表明の場の提供」がある。kbroと大豐有線電視は，過去に公的支援措置を受けたことがなく，官民連携事業を実施したこともないという共通点のほか，上述した２つの

図表6-8■自主制作チャンネルにおける１週間当たりの地域番組編成比率
（2015年１月23日～2015年１月29日）

	事業者名	サービスエリア	自主制作チャンネルの総放送時間	地域番組の総放送時間数	地域番組の編成比率
日本	ZTV	三重県津市	7,560分	5,985分	79.2%
日本	ケーブルテレビ富山	富山県富山市	30,240分	24,215分	80.1%
韓国	CJハロービジョン	ソウル市陽川区	10,080分	2,472分	24.5%
韓国	D'LIVE	ソウル市江東区	10,080分	0分	0.0%
台湾	kbro	台北市	20,160分	6,660分	33.0%
台湾	大豐有線電視	大豊市	30,240分	8,115分	26.8%

出典：各社公式サイトおよびインタビュー調査をもとに筆者作成。

事業を重視するという点においても重なる部分を有している。

まず「通信サービスの低価格提供」についてであるが，台湾では放送サービスに対する料金規制と比べて通信サービスに対する料金規制が緩やかであるため，ケーブルテレビ事業者の多くが格安の料金を設定し，大手電気通信事業者と価格競争を行うことで市場での生き残りを図っている。kbroによれば，通信最大手の中華電信の加入者がブランド志向である一方，ケーブルインターネット加入者は価格重視（price sensitive）であるという加入者層の違いもみられるという。

一方，ケーブルテレビ事業者が「マイノリティの意見表明の場の提供」を重視する背景には，権威主義的な政治体制下で長らく言論の多元性が抑圧されてきたという台湾の歴史がある。台湾は古くから民族的，文化的，あるいは言語的に極めて多元的な社会，いわば「多重族群社会」[51]を構築してきており，2017年４月現在の台湾の民族構成は本省人95.4%（福佬人70.0%，客家人25.4%），原住民族2.4%，外省人2.2%となっているが，政治的には外来政権による支配の連続であった（**図表６-９**）[52]。ここでその歴史を簡単に振り返っておきたい。

17世紀にオランダ東インド会社と中国の鄭氏勢力が相次いで拠った後，清帝国の支配秩序の中に取り組まれた台湾は，1895年からは日本の統治下に，1945年からは中国国民党の治世下に入った[53]。日本統治時代には，皇民化政策の下で日本語が台湾における共通語に定められ，台湾人の中には日本語で医学や農学の高等教育を受けた者もいた[54]。

ところが，太平洋戦争が終戦し，光復がなされると，1946年１月に発せられた国府行政訓令により「中華民国国籍を回復した男性及びその子孫が本省人，それによらず中華民国国籍を所有しており台湾に居住する男性及びその子孫が外省人」と定められ，日本統治下の「台湾人」は中華民国統治下の「本省人」と呼ばれるようになった[55]。

図表6-9■台湾における外来政権支配の変遷

	オランダ統治時代（1624-1661）	鄭氏統治時代（1661-1683）	清朝統治時代（1684-1895）	日本統治時代（1895-1945）	中華民国統治時代（1945-現在）
地域の性格	重商主義国家の植民地・通商基地	武装海洋交易集団及び亡命中国国家の割拠地・通商基地	中華王朝直轄の一地方	大日本帝国の植民地・新領土	中華民国台湾　省→分裂中国国家の一分裂体としての中華民国／実質的台湾国家としての中華民国在台湾
統治機構	オランダ東インド会社	「東都」政府	福建省台湾府→台湾省	台湾総督府	中華民国政府（中国国民党一党独裁→民主体制）
外来者の移住	漢族農民・商人	漢族軍人・兵士・官僚・農民など	漢族農民・商人など	日本人官僚・商工業者・技術者など	外省人官僚・軍人・兵士・知識人とその家族など
エスニック関係	原住民族／漢族／オランダ人	原住民族／漢族	原住民族／漢族	原住民族／漢族／日本人	原住民族／漢族四大族群（原住民族・福佬人・客家人・外省人）

出典：若林［2001］22-23頁をもとに筆者作成。

また，北京語を台湾の「国語」として定め，日本語を禁圧する中国国民党の言語政策に伴い，本省人は国語未習熟を理由に高等教育の受講困難や地方自治の実施延期に直面しただけでなく，政策決定の権力ポストから排除され，政治の主導権や社会での発言権は外省人によって完全に奪われるようになった[56]。

以上のような中国化政策に起因する本省人の「エスニックな不満」は1947年に勃発した2.28事件で爆発したが，「本省人はもはや抗議するすべも意欲も持つことができず，本省人のエスニックな不満をもたらした不平等はそのまま残り，四九年以後の体制のもとで，いっそう構造化され（筆者中略）いわゆる『省籍矛盾』として潜伏し続けた」[57]。

日本の皇民化政策にしろ，中国国民党の中国化政策にしろ，言語や習慣が異なる台湾の人々に対して画一的な統治が押し付けられたことで，本省人と原住民族の「台湾人アイデンティティ」が形成されたといえる。

その後，1970年代初頭になって「国語を話せる高学歴の本省人(Mandarin-speaking educated Taiwanese)」が台頭すると，中国国民党の政治的独占体制を打破して本省人の政治的自由の獲得や人権の保障，政治参加の拡充等を実現せんとする勢力が生まれ，1980年代の民主化を要求する集会の開催や民主台の開局へと繋がっていった[58]。

それらの集会や民主台の放送番組では，「台湾人400年の歴史」，「(外来政権に抑圧され続ける）台湾人の悲哀」，「台湾人として胸を張ろう」といったフレーズとそれとセットとなった歴史観が台湾語（福佬語）で語られ[59]，一般市民に伝達されていった。台湾における民主化は「エスニック・リバイバルと言い得る現象，つまり，台湾の多重族群社会の諸族群が，それぞれ政治的・文化的自己主張を展開する過程」[60]であったといえる。

このような歴史を反映するように，近年の台湾における公共政策や社会制度の構築は多文化主義の下で進行しており，社会全体が民族的なつながりを尊重あるいは重視する傾向にある。2000年の総統選では民主進歩党の陳水扁が当選し，半世紀にわたる国民党支配に終止符が打たれたが，その前後には，各族群の言語や文化の保護に関する条文が「中華民国憲法」に追記されたほか[61]，小学校における土着言語（福佬語・客家語・原住民後）科目の必修科目化（2001年）や各族群の言語や文化の維持発展を目的とする原住民族委員会（1996年）および客家委員会（2001年）の設置が進められた。

さらに，通信と放送における多文化的配慮の必要性があるとして，2003年７月に「客家電視台」[62]が，2005年７月に「原住民電視台」[63]がそれぞれケーブルテレビ向けに開局した。両放送局は，2007年に公共放送グループ[64]に移行したが，現在もケーブルテレビでの再送信が義務付けられており，kbroや大豐有線電視でも一定の視聴満足度を維持し続けているという[65]。

6 小　括

台湾におけるケーブルテレビ事業の変遷を「企業の制度的特徴」，「政府の制度的特質と能力」，「政府企業間のインターフェイス」，「是正すべき潜在能力格差」という政府企業間関係の４つの規定要因に基づいて分析すると，その特徴は以下のように整理される。

ケーブルテレビ事業者の制度的特徴としては，第１に中央政府や地方政府のステークホルダーとしての存在感が薄いことが，第２に中華電信が有料放送市場と通信市場の両市場においてケーブルテレビ事業者最大の競合者となっていることが挙げられる。ただし，通信市場においては中華電信のシェアが高いものの，有料放送市場においてはケーブルテレビ事業者が市場シェア首位の座を守っている。なお，ケーブルテレビ事業者の注力事業となっているのは「通信サービスの低価格提供」と「マイノリティの意見表明の場の提供」だった。

政府の制度的特質と能力としては，法整備や政策の実施が市場追認的であったことが最大の特徴として挙げられる。本章第1節から第3節にかけて台湾におけるケーブルテレビに係る法制度や政策の決定過程をたどったが，そこでは「まず状況が先行し，法的な整備がそれに追いつこうとしているような状態」[66]が繰り返されてきたことが明らかになった。

台湾政府は，難視聴解消を目的に地上波テレビ放送の再送信を行う社區共同天線電視の適用法を制定するまでに約10年，多チャンネル・サービスを提供する第四台や民主台の適用法を制定するまでに約20年を要した。その間にケーブルテレビ事業者の取り締まりを試みたこともあったが，ことごとく失敗に終わったため，ケーブルテレビ事業への適用法は現状を追認するような内容のものとなっている。また，2000年に中国国民党から民主進歩党への政権交代が行われ，「政・党・軍のメディアからの撤退」原則が採択されると，ケーブルテレビ事業者と政府の間には一線が画されるようになった。

以上を踏まえると，台湾政府は日本政府や韓国政府のようにケーブルテレビ事業の展開を牽引するような性格は持ち合わせておらず，ケーブルテレビ事業への関与の仕方も不安定で分断的だったといえよう。

なお，「有線電視法」の制定が長く棚上げされていた理由として，羅［2005］は1980年代半ば以降の台湾が国家としての転換期を迎えていたことを挙げている[67]。第四台や民主台が存在感を増し始めた1980年代半ばから1990年代初頭にかけて，国民党政権は民主進歩党による民主化の要求に追われるだけでなく，党内部の権力闘争や社会運動の勃興への対応に忙殺されていた。そのため，当時の国民党政権には新たな政策を打ち出す余力が残されていなかったのである。それに加え，国民党政府はすでに地上波テレビ放送である三台を支配下に置いていたため，ニューメディアの導入にそれほど意欲的でなかったという側面もあるだろう。

政府企業間のインターフェイスとしては規制政策と支援措置がある。台湾のケーブルテレビ事業者は長らく非合法的存在であったため，政府企業間のインターフェイスが設けられるようになったのは1993年になってからである。1990年代末以降は所得規制が大幅に緩和され，2003年には「政・党・軍のメディア撤退」が決定されるなど，両者のインターフェイスは近年になって再び減少傾向にあるが，「客家電視台」と「原住民電視台」の再送信義務や原住民族が多く住む区域でサービスを提供するケーブルテレビ事業者を対象とした例外的な支援措置の実施等，エスニック・マイノリティの言語および文化の保護という側面においてはインターフェイスが維持されている。

政府が総合有線放送事業を通じて是正しようとしている潜在的能力格差としては，「各族群間の情報格差」が想定されていることが明らかになった。1980年代から1990年代までは多チャンネルサービスや地域サービスの提供がケーブルテレビ事業者の社会的役割として捉えられていたが，「台湾にある『中華民国』という存在が多文化的でマルチ・エスニックなものであること」が社会的に認められた2000年代以降は，一部の族群を「弱勢族群（マイノリティ集団）」の1つとみなし，彼らがマイノリティであるからこそ保護・優遇が必要であるという姿勢」がとられるようになったのである[68]。

台湾において，ケーブルテレビが地域メディアとして定着しなかった要因としては以下の2つが考えられる。第1に，ケーブルテレビ事業が違法事業であったことがある。台湾におけるケーブルテレビ事業者は難視聴解消のための地域メディアとして誕生したものの，その後は多チャンネル・サービスを行う非合法メディアとして発展してきた。非合法時代のケーブルテレビ事業者は，中国国民党による取り締まりから逃れられるようゲリラ的に活動する地下放送であったため，特定の地域に密着しながら事業を展開することが不可能だったのである。

第２の要因としては，政府の中央集権的性格がある。中国国民党統治時代の台湾では，本省人の国語未習熟を理由に地方自治の実施が見送られ，中央政府が各都市を直接的に統治していた。地方自治はすべて行政命令で処理され，地方業務は完全に中央の統制と指揮を受けて実施されていたのである[69]。

1994年になると「省県自治法」と「直轄市自治法」のいわゆる「自治二法」が制定され，ようやく地方分権への第一歩が踏み出されたが，中央政府が優勢に支配する状況が長く続いたため，現在でも中央政府が法律に代えて地方政府に行政命令を出すことがあり，地方政府も中央依存的で，命令を聞いて業務を行う習性があるという[70]。このような「権威主義統治時代の遺産」[71]ともいうべき政府構造の下では，行政区域等の物理的な地域をもとにしたアイデンティティは育まれづらかったと考えられる。

●注

1　満州電信電話株式会社［1997］196頁。

2　黄［1998］104頁。

3　台湾総督府編［1935］126頁。

4　皇民化を進めるために，台北放送局は1929年から毎月２回『国語普及の時間』と呼ばれる日本語講座を放送した。放送内容は，「日本語を習得した台湾人が『お話』や『唱歌』でその成果を披露し，まだ日本語を理解できない島民への刺激剤」となるものだった。スポンサー企業を紹介する広告放送も行われたが，新聞の広告収入への影響を懸念した日本新聞協会が反対運動を展開し，当時の拓務省が台湾総督府へ広告放送の中止を勧告したことで，広告放送はわずか半年で終了した（黄，前掲論文，104頁）。

5　この当時，台湾には台北，台中，台南，嘉義，花蓮港の５つの放送局があり，聴取者は約10万に達していたが，その内半数は日本人であった（黄，同上論文，105頁）。

6　平塚［2009a］4頁。
7　平塚，同上論文，4頁。
8　外省人は新住民とも呼ばれ，1949年に国共内戦に敗れた中国国民党政府とともに中国大陸から台湾に移住した住民を指す。主な使用言語は標準中国語である。
9　台は中国語で局の意。
10　平塚，同上論文，5頁。
11　李［1998］234頁。
12　当時の台湾では，メディア市場の90%が三者同盟の統制下にあった地上波テレビ放送局の三台と二大新聞紙である「聯合報」と「中國時報」によって占有されていた（Huang［2009］p.4）。
13　黄，前掲論文，109頁。
14　黄［1999］45-56頁。
15　李，前掲論文，238頁。
16　李，同上論文，237頁。
17　服部・原［1997］26頁。
18　民主進歩党の起源は，1949年の中華民国政府の台湾移転後に民主主義と自由を求めて活動していた中国国民党外の活動家にさかのぼることができる。党外活動家後援会は1986年9月28日，台北市の円山大飯店で「党外後援会公認候補推薦大会組織」を開催し，民主進歩党の結党を宣言した。蔣経国総統（当時）は結党宣言を黙認する姿勢をとったものの，国民党の一党独裁および戒厳令の下での結党は非合法的な行為であった。1987年に戒厳令が解除されたことで，民主進歩党は1989年にようやく合法化された。
19　Huang［2009］p.7.
20　二・二八事件とは，国民党支配下の台湾における外省人と本省人との衝突によって生じた大規模な流血事件である。1947年2月27日，台北市内の夜市で複数の警官がヤミたばこの密売を摘発しようとして，市民との間に混乱が生じた。警官の威嚇発砲が原因で1人の市民が死亡し，これに抗議するデモが翌28日，台北，基隆を始め全国に拡大した。当時の行政長官らが抗議に立ち上がった市民を徹底的に弾圧したため，2万人以上とされる死者が発生し，外省人，特に国民党指導層への本省人の心理的反発は決定的なものとなった。
21　黄，前掲論文，114頁。
22　羅［2005］79頁。
23　李，前掲論文，240頁。
24　平塚，前掲論文，8頁。
25　「著作権法」の改正に伴い，香港のスターTVとTVBS，米国のCNNとHBO，オーストラリアのATVが台湾のケーブルテレビ向けに衛星放送を開始した。これによりケーブルテレビはさらに視聴者を増やすことに成功したが，その勢いを特に後押ししたのは香港のスターTVであった。スターTVは，西部劇等に中国語字幕を付けた番組を放送する「プラス・チャンネル」，「MTV」，「スポーツ・チャンネル」，「BBC」，中国語番組を放送する「中文台」の５つのチャンネルを全アジア向けに放送開始し，台湾では「中文台」を見るためにケーブルテレビに加入する人が急増した（黄，前掲論文，114-115頁）。

26 黄，同上論文，115頁。

27 Liu［1994］p.142-144.

28 黄，同上論文，116頁。

29 猪股［1999］16頁。黄［1998］116頁。

30 経理人とは，最高決議機関である「董事会」によって選任され包括的代理権を与えられた者のことで，日本の「商法」上の「支配人」相当する。

31 関連企業とは，ケーブルテレビ事業者の株主が経営する会社の取締役，監査役，経理人が所有する企業あるいは20%以上出資している企業を指す（第８条）。

32 平塚［2009b］124頁。

33 猪股，前掲論文，20頁。

34 Lin［2003］は，このようなケーブルテレビ事業者の大規模化に関する法整備の背景には，ケーブルテレビ事業者の通信市場への参入を認めるための法的土台を整備する目的があったことを指摘している。

35 服・原，前掲論文，23頁。

36 平塚［2009a］８頁。Huang，前掲論文，p.12.

37 2016年現在，16部族（アミ族，パイワン族，タイヤル族，タロコ族，ブヌン族，プユマ族，ルカイ族，ツォウ族，サイシャット族，タオ族，クバラン族，サオ族，サキザヤ族，セデック族，カナカナブ族，サアロア族）が行政院によって原住民族として認められている。地理的な要因により各部族の言語や習慣はさまざまであるが，その多くが台湾東部の山間部に居住しており，オーストロネシア系言語を話す。なお，台湾では「先住民」は滅亡した民族を意味し「原住民」の語が用いられているため，本書でもそれに倣う。

38 1945年の台湾光復以前から中国大陸各地から台湾に移り住んでいた人々およびその子孫の人々のことで，福佬人と客家人から成る。福佬人は，明末清初に福建省南部より移住した移民の後裔で，四大族群の中では最多の人口を占める。閩南人とも称され，使用言語は福佬語（閩南語）の一種である台湾語を主とする。客家人は清朝統治時代に広東省東部から移住した移民の末裔で，台湾客家語を主な使用言語とする。2017年12月，「客家基本法」が改正され，台湾客家語は台湾の公用語となった。

39 平塚，前掲論文，10頁。

40 国家通信放送委員会［2018c］。

41 文化部［2018］。

42 文化部［2018］。
43 Hsu, Liu and Chen［2015］14頁。
44 Liu［2014］p.108.
45 国家通信放送委員会［2018b］。
46 NHK放送文化研究所［2016］58頁。
47 ITU（publication year unknown）.
48 Akamai［2017］p.28.
49 TeleGeography Research, *GlobalComms data.*
50 平塚，前掲論文，125頁。
51 「族群」はethnic group（エスニック集団）の中国語訳で，通常は出自，言語，文化，アイデンティティを共有する集団を指す。1980年代後半からの社会の自由化を背景に，1990年代に入ってから急速に台湾社会に浸透した新語である。河合［2012］141頁。
52 台湾では1992年の「戸籍法」改正によって戸籍上の本籍地の記載が廃止されたため，この割合は正式な統計数字ではない。また，今日では各族群間の通婚が日常的となり，複数のエスニック・アイデンティティを持つ人も少なくない（MyEGov［2017］）。
53 若林［2001］，37頁。
54 Huang［2009］p.10.
55 若林，前掲書，36頁。
56 若林，同上書，69頁。何［1999］98-100頁。
57 若林，同上書，74頁。
58 若林，同上書，130-131頁。
59 若林，同上書，175頁。
60 若林，同上書，188頁。
61 「憲法」修正条文第10条第９項は「国家は多元的な文化を肯定するとともに原住民族の言語と文化を積極的に保護，発展させる」とし，同第10項は「国家は民族の希望に従い，原住民族の地位と政治参加を保障するとともに，教育，文化，交通，水利，衛生，医療，経済，土地，それに社会福祉事業に対し，保障や支援を供し，発展を促す。その方法は別に法律でこれを定める」とした（張［2010］125頁）。
62 客家電視台は，台湾総人口の約19%を占める客家人と全世界の客家人を含む華僑・華人に向けて設立されたテレビ放送局である。「客家文化の伝播，客家語の伝承，客家人の発言力拡大，少数民族の国際交流，客家人の人材育成」等を目的に当初はケーブルテレビ向けにサービスを提供していたが，番組制作が外注および入札によって行われ，放送内容の継続性や長期計画の実現性に困難さがあったことから，2007年からは公共放送グループに移行した。年間約４億

4,000万元の運営資金は行政院客家委員会から拠出されているが，独立性の高い公共放送グループの一員となったことで政治的介入の可能性は低減したといえる。平塚［2009a］によれば，客家電視台の知名度は客家人91%，一般人77%で，接触率はそれぞれ61%と30%，満足度はそれぞれ80%と79%となっており，概ね好意的な評価を得ている。

63　原住民族電視台は，客家電視台と同様に番組制作を外注する形で2005年７月からケーブルテレビ向けに放送を開始したが，現在では制作スタッフともども公共放送グループに移行している。同電視台は，原住民族語と原住民族のメディアへのパブリック・アクセス権を保障することを理念に掲げ，①伝統文化価値とアイデンティティ構築の教育機能を果たすこと，②原住民族が十分な情報提供によって自信を持った態度で現代社会におけるめまぐるしい文化的経済的変化に対応できるよう支援し，その社会的競争を上げていくこと，③原住民族に対する差別をなくすために原住民族が他の族群に対して自らの正確な情報を伝達するためのプラットフォームになること，を目標としている。番組内容は，ニュース，文化教養，ドキュメンタリー，喜劇，音楽，若者・子供向け，言語学習と幅広いが，政治的なテーマを扱う番組が比較的多い（平塚［2009a］15-16頁，林［2008］206-207頁）。

64　台湾における公共放送の構想は1980年代頃にまで遡ることができるが，当時は三者同盟から独立したテレビ放送局を設立することに対する意見が多く，メディア研究者や有識者の強い働きかけによってそれが実現したのは1990年代後半に入ってからであった。1997年に「公共電視法」が設立し，1998年に公共電資文化事業基金会がようやく正式に放送を開始した。「公共電視法」第11条によれば，公共放送の遵守すべき原則としては以下の５つがある。①情報を整った形で提供し，公平にパブリック・サービスし，営利を目的としない。②公衆に対して適宜にテレビ局を使用する機会を提供し，とりわけ勢力の弱い集団の利益を保障しなければならない。③文化の均等発展のために，各種の民族，文芸創作及び発表の機会を提供，または助成する。④新たな知識と考え方を紹介する。⑤番組制作は，人間の尊厳を維持し保護すること。自由，民主，法治の憲法の基本精神に符号すること。多元性，客観性，公平性及びエスニック・グループの均等性を保持すること。

65　平塚［2009a］によれば，「コールイン番組」と呼ばれるスタジオにいる政治家や有識者と視聴者による双方向型生放送討論番組も人気を博しているという。日本の視聴者参加型討論番組とは異なり，コールイン番組では原則誰でも電話で討論に参加することができ，発言権は早い者順で発言内容の事前確認等もない。今ではラジオやテレビで一般的に見られる番組形態であるが，そもそもは1980年代の民主化の時期に中国国民党を批判するためにラジオやケーブルテレビで放送されていたため，現在でも中国国民党と民主進歩党の政治的対立や本省人と外省人の省籍問題，台湾と中国対立の統一か独立かなど，政治的な問題が討論のテーマとして設定されることが多い。近年では，テーマや議論が過激化しており，台湾における思想や意見対立の溝を深刻化させるのではないかというコールイン番組の負の作用についても指摘され始めているが，一般市民が平等に参加できる開かれた言論表現の場として，台湾の人々からは広く受け入れられている。

66　周［1998］135頁。

67　羅，前掲論文，79頁。

68　石垣［2007］210頁。

69　山形［2016］94（253）頁。

70　山形，同上論文，98（249)-94（253）頁。

71　山形，同上論文，94（253）頁。

第7章

ケーブルテレビ事業者の社会的役割：国際比較分析から見えてくるもの

1 ケーブルテレビの社会的役割の構築過程と影響要因

日本のケーブルテレビ事業者と政府との関係性は，ケーブルテレビ事業が開始してから現在に至るまで一貫して密接であった。中央政府は1993年にケーブルテレビ事業の地域性に関わる構造規制を大幅に緩和したものの，ケーブルテレビ事業者が採算性の低い地域向けサービスを提供し続けられるよう財政面・金融面・税制面における公的支援措置を実施し続けており，地方公共団体もケーブルテレビ事業者との官民連携事業を行うことでケーブルテレビ事業者がリスクやコストを抑えながら事業を展開する手助けをしてきた。日本のケーブルテレビ事業者が今なお「地域メディア機能の提供」を事業の主軸に据えることができているのは，上述したような政府による後ろ盾があってこそだといえる。

一方，韓国に目を向けてみると，総合有線放送事業開始当初の政府企業間関係は非常に密接だった。政府は総合有線放送事業が大きな経済的利益を生むだけでなく，地域向けサービスを通して草の根民主主義が育成されることを期待し，同事業者に対して規制と支援の両面から幅広い施策を講じていたのである。しかし，アジア通貨危機を契機に大幅な規制緩和が実施されたり，公的支援措置の大部分が打ち切られたりしたことで，政府企業間関係は急速に希薄化することになった。それに伴い，自力で地域向けサービスを提供していくだけの財政的余裕をなくした総合有線放送事業者は，自ずと収益性の高い通信サービスに重心を置くようになり，「地域メディア機能の提供」という社会的役割も失われていった。

また，台湾では，地域向けサービスを提供していた社區共同天線電視に関わる法制度は比較的早期に整備されたが，第四台や民主台が合法化されたのは1993年になってからであったし，2003年以降は「政・党・軍のメディアからの撤退」が決定されたため，政府企業間関係が密接であったとはいえない。そのため，韓国同様，台湾においてもケーブルテレビ事業の主軸は採算が見込めない地域向けサービスから収益性の高い通信サービスへと移行している。

ただし，権威主義的な政治体制下で文化や言論の多元性が抑圧されてきたという歴史的反省から，2000年前後からはケーブルテレビを活用してエスニック・マイノリティの言語や文化の保護を目指す政府の指針が打ち出されるようになり，エスニック・マイノリティに関係するケーブルテレビ事業には例外的に公的支援制度が整備された。これを受け，一部のケーブルテレビ事業者は「エスニック・メディア機能の提供」という新しい社会的役割を担うようになった。

日本，韓国，台湾のケーブルテレビ事業を比較して第1に浮かび上がってくるのは，ケーブルテレビ事業者の社会的役割は各地域や各時代の政府企業間関係を反映して変容するということである。政府は地理的特徴や民族構成といった各地域および各時代の社会経済的特徴を考慮しながらケーブルテレビ事業者に期待する事業の展開方向性を決定し，それを実現する手段として法制度を整備する。

その際，政府がケーブルテレビ市場への介入度を強めると，ケーブルテレビ事業者は政府の意向を無視することができず，それに沿った行動をとるようになる。反対に政府がケーブルテレビ市場への介入度を弱めれば，ケーブルテレビ事業者が政府から受ける影響の度合いは当然低くなるため，事業の展開方向性は必ずしも政府が指し示すものと一致しなくなる。韓国の事例はこの現象を最もわかりやすく体現しているといえよう。

第2に，政府企業間関係の規定要因の中でも「政府企業間のインターフェイス」の在り方がケーブルテレビ事業者の社会的役割の実現性や存続

図表7-1■ケーブルテレビの社会的役割と政府企業間関係の変遷

過去◀――――▶現在

		過去		現在
日本	ケーブルテレビの社会的役割	地域メディア機能の提供		
	政府企業間関係の密接度	密接		
	政府企業間のインターフェイス	地域性を重視した規制		規制緩和
		地域性を重視した支援措置		
		地方公共団体との官民連携事業		
韓国	ケーブルテレビの社会的役割	地域メディア機能・多チャンネル機能の提供		特になし
	政府企業間関係の密接度	密接		希薄
	政府企業間のインターフェイス	地域性を重視した規制		規制緩和
		支援措置		支援措置の廃止
		官民連携事業の非実施		
台湾	ケーブルテレビの社会的役割	地域メディア機能の提供	政治的プラットフォーム機能の提供	エスニック・メディア機能の提供
	政府企業間関係の密接度	希薄（地域性の側面において部分的にやや密接）		希薄（エスニック・マイノリティ保護の側面において部分的に密接）
	政府企業間のインターフェイス	地域性を重視した規制		規制緩和（エスニック·マイノリティ・チャンネルは再送信義務化）
		支援措置の非整備		エスニック・マイノリティの言語や文化の保護に関する支援措置
		官民連携事業の非実施		

出典：筆者作成。

性に対して特に大きな影響要因として作用することも明らかになった。日本，韓国，台湾では，政府は地域間情報格差や民族間情報格差といった潜在能力格差を是正するためにケーブルテレビ事業を活用し，マイノリティ向けの採算性の低いサービスを提供することをケーブルテレビ事業者に求めた。当然，ケーブルテレビ事業者にとっては，潜在能力格差の是正という社会的役割を果たしながら市場での生き残りを試みることは非常に困難なこととなる。

そこで，ケーブルテレビ事業者が社会的役割の実現と市場での生存を両立させるための現実的な事業基盤を構築するのが，規制政策や公的支援措置，官民連携事業といった「政府企業間のインターフェイス」である。なかでも，採算性の低い事業を展開する際に発生するコストやリスクを軽減する財政面や金融面における公的支援措置や官民連携事業はケーブルテレビ事業者の社会的役割の実現性や持続性により直接的な影響を与える。

実際に，ケーブルテレビ事業の地域性を維持・育成させるような支援措置や官民連携事業が継続的に実施された日本では，ケーブルテレビ事業者が採算性の低い地域向けサービスを事業の主軸に据え「地域メディア機能の提供」という社会的役割を実現し続けることが可能であった。しかし，そのような支援措置や官民連携事業が廃止された，あるいは初めからほとんど存在しなかった韓国と台湾のケーブルテレビ事業者は，事業の重心を地域向けサービスからより収益性の高い通信サービスへと移行させている。

また，2000年以降，台湾の一部のケーブルテレビ事業者が「エスニック・メディア機能の提供」という新たな社会的役割を果たすようになったのも，政府がエスニック・マイノリティの言語や文化の保護を目的に財政面における公的支援制度を整備したからに他ならないが，もしそれらの支援措置が廃止されるようなことがあれば，台湾のケーブルテレビ事業者は「エスニック・メディア機能の提供」に消極的な姿勢を見せ始めることが予想される。

「メディア論（media theory）」で著名なM. マクルーハンは，ニューメディア技術によってメディア利用は地理的制限を受けなくなり，情報伝達は統治（国家）により制限されなくなるという技術決定論的な言説を残している[1]。

しかしながら，本研究の分析結果からは，ケーブルテレビ事業者の社会的役割は技術によって決定されるのではなく，むしろ政治経済的諸要素こそが技術の可能性を社会的に実現するという結論が導き出された。すなわち，政治経済的，あるいは社会的環境がその時代のケーブルテレビ事業の必要性を決定し，ひいてはその社会的役割を決定するのである。法制度の整備や産業支援策の実施によって技術の活用方法やケーブルテレビ事業者の在り方を外側から規定する力を持つという点において，政府がケーブルテレビ事業者の社会的役割の実現性や存続性に対して発揮する影響力は大きい。

以上を踏まえると，「ケーブルテレビは地域メディアなのか」という問いに対しては，次のように答えることができる。ケーブルテレビ事業者の社会的役割は地域や時代の政府企業間関係を反映して構築される非恒常的なものであるため，ケーブルテレビは必ずしも地域メディアであるわけではない。ただし，1937年から2018年現在にかけての日本においては，ケーブルテレビは地域メディアとして存在している。それは国土の地理的特徴や地方自治制が古くから定着していたという日本固有の社会的環境に，ケーブルテレビが地域メディアとして機能できるような環境を政府が絶えず整備してきたという条件が重なったことで初めて実現したものである。

そのため，日本のケーブルテレビが今後も地域メディアであり続ける可能性は高いものの，それは決して約束された未来などではなく，現在のような密接な政府企業間関係が維持されるかどうかに依るところが大きい。

それと同じように，現時点ではケーブルテレビが地域メディアとして機能していない国や地域においても，政府が公的支援措置を実施するなどして環境整備を実施すれば，ケーブルテレビが新たに地域メディアとしての社会的役割を担うようになる可能性はある。

2 ケーブルテレビ事業の今後：その可能性と限界

日本のケーブルテレビ事業者が地域社会の発展に大きく貢献してきたことに疑う余地はない。IPライブカメラを用いて大雨や河川水に関する情報を地域に広く提供する事業者，緊急避難情報を発信するために地方公共団体やコミュニティーFMと防災協定を結ぶ事業者，地域の祭りをインターネット配信して人気を博している事業者は全国各地に存在しているし，2011年の東日本大震災の際には，コミュニティ・チャンネルが市の緊急放送用に利用された事例もあった。

このようにケーブルテレビは地域情報の発信源として地域社会に深く根ざしており，これがケーブルテレビ事業者の競合者に対する差別化戦略としても役立っていることに鑑みると，地域社会とケーブルテレビ事業者はWin-Winの関係を築いているといえる。また，こうした地域向けサービスの提供は政府の後ろ盾に依るところが大きいことはすでに述べたとおりである。

しかしながら，日本のケーブルテレビ事業者が享受してきた密接な政府企業間関係が今後も維持されるかについては定かではない。なぜなら，日本の債務残高は国・地方ともに増加し続けており，その水準が世界最悪レベルに達しているためである[2]。国の財政状況の悪化や少子高齢化などを背景に，地方財政は今後より一層厳しい局面に立たされることが予想され，ケーブルテレビ事業者と政府とが二人三脚で地域向けサービスを提供していくという枠組みには限界が見え始めている。地域向けサービスを提供し続けていくためにコンテンツ面において地方公共団体と連携することは今後も必須であると考えるが，財政面に限って言えば，ケーブルテレビ事業者は独自の資金調達の道を模索する必要性に迫られているといえよう。

さらに，さまざまな世論調査で明らかになっている「テレビ離れ」もケーブルテレビ事業者に課題を投げかけている。NHK放送文化研究所が５年ごとに実施している全国世論調査「日本人とテレビ」によると，テレビへの接触頻度が2010年の92%から2015年の89%へと減少しているのに対し，同時期におけるインターネット動画の視聴頻度は34%から50%へと増加しているという[3]。

また，Nielsenが2015年に発表した調査結果によればインターネット動画視聴で利用されるデバイスにも変化が起こり始めており，日本では2014年３月にスマートフォンからのインターネット動画視聴者数がパソコンからのインターネット動画視聴者数を超えた[4]。パソコンからのインターネット動画視聴が普及した際には「タイムシフト視聴」への需要がその背景にあるとの説明がなされたが，スマートフォンによるインターネット動画視聴の急伸は「プレイスシフト視聴」に対する需要が本格的に高まってきていることを示唆している。ケーブルテレビ事業者にとっては，タイムシフト視聴とプレイスシフト視聴の両方に対応するスマートモバイルデバイス向けコンテンツを提供することも焦眉の課題となっている。

無論，ケーブルテレビ事業者はこのような状況にただ手をこまねいているわけではなく，事業者同士が連携して競合者に対抗し，かつ地域のさまざまなニーズに応えるための持続可能な事業モデルを模索している。

たとえば，日本ケーブルテレビ連盟は各地のケーブルテレビ事業者が制作する地域コンテンツを全国流通させ，競争上優位性のある大きな武器へと成長させることを目的に，IP番組素材配信システムである「全国ケーブルテレビコンテンツ流通システム（All Japan Cable TV Content Management System：AJC-CMS）」を開発し，2012年10月からその本格運用を開始した。現時点においてAJC-CMSがケーブルテレビ事業の発展にどれほど貢献したかを定量的に測ることは困難であるが，ケーブルテレビ事業者にとって流通コストを抑えながら地域コンテンツを収益化する道が１つ拓かれたことに違いはない。

また，日本ケーブルテレビ連盟は，2014年７月には「『ふるさと発』の動画コンテンツ」と銘打って，全国のケーブルテレビ事業者がコミュニティ・チャンネル用に製作している番組を視聴できる無料動画配信サイト「じもテレ（Japan Interesting Motion Picture Organizer）」も立ち上げている。同サイトはAJC-CMSを活用したもので，パソコンだけでなく，タブレットやスマートフォンからも2,000本以上の地域コンテンツ動画を視聴することができる。

さらに，最大手MSOのJ:COMも2017年４月に地域コンテンツ動画を視聴できる「ど・ろーかる」と呼ばれるスマートフォン・アプリを発表した。全国43のJ:COM局が制作する地域情報番組のほか，全国52か所に設置されたライブカメラの映像，および花火大会や祭りといった地域イベントのライブ映像が提供されており，J:COM加入者以外も無料で視聴することができる。

しかしながら，上述したような地域コンテンツ動画配信サービスは，スマートモバイルデバイスという媒体が持つポテンシャルを十分に生かし切れていないようにも思われる。というのも，これまでテレビで視聴されてきた地域コンテンツをスマートモバイルデバイスにおいても視聴可能にした現在の動画配信サービスは，スマートモバイルデバイスの持ち主をあくまで「視聴者」として捉えて制作されたもので，「スマートモバイルデバイス・ユーザ」による地域情報の活用を想定して作られたものではないからだ。

インターネットによるインタラクティブなコミュニケーションが当たり前のように行われている時代に地域メディアとしての社会的役割を果たすためには，ケーブルテレビ事業者の強みである地域コンテンツにインタラクティブ性を持たせ，付加価値を与えることが不可欠ではないだろうか。

すぐに思い浮かぶサービス例としては，GPS連動型の地域情報動画配信がある。たとえば，ユーザの現在位置を把握して地元商店街の耳寄り情報を動画配信するほか，動画内で商店で利用できるクーポンやポイントを付与したり，アンケートを差し込み表示したりする。また，ユーザが移動しながら視聴できる地域の名所・旧跡をナビゲートする動画の配信もある。動画にクイズを挟むことで，地域文化を学習できるような仕組みづくりも可能だ。そのほか，緊急災害情報を配信する際にユーザの現在地から最も近い避難場所と避難ルートを地図上で確認できるようにすれば，より効率的な避難誘導が実現する。

人々の主要デバイスの変化は，一見ケーブルテレビ事業者への逆風にも見えるが，時間や場所に拘束されない動画視聴やインタラクティブなやりとりを可能にするスマートモバイルデバイスは，実際には地域向けサービスと親和性が高く，ケーブルテレビ事業者が目指す「地域密着の総合サービス提供事業者」というコンセプトをより効果的に実現するツールとなるはずだ。スマートモバイルデバイスの向こう側にいる地域情報の受け手を「視聴者」ではなく「ユーザ」として捉えること，そして地域コンテンツの独自性や優位性を生かしながらユーザの課題解決につながるようなサービスを提供することが，競合者との熾烈な競争の活路となり，今後も地域メディアとしての社会的役割を実現していくことに結び付くだろう。

もちろん，このような新しい取り組みには資金が必要となるが，地域社会の核である地方公共団体に加え，商店や医療機関，教育機関，地上波ローカル局をはじめとするメディア事業者，市民グループなど，地域内での連携先を増やしていくことでコンテンツを充実させるとともに新たな資金調達の道を拓くことができれば，ケーブルテレビ事業者だけが疲労していく状況は避けられるはずだ。また，現在，日本ケーブルテレビ連盟が主導してAJC-CMSやケーブルIDプラットフォーム，コールセンターおよび共同調達を目的としたオペレーション面におけるプラットフォームなど，多岐にわたる全国横断的ケーブル・プラットフォームを構築しているが，各プラットフォーム間の連携を可能にすることで，サービスの幅が広がるだけでなく，より一層のコスト削減も期待できる。

一方，韓国と台湾では，ケーブルテレビ事業者と電気通信事業者の違いが年々薄らいできているため，電気通信事業者との価格競争以外の面での差別化が経営上の長期的な課題となっている。

ケーブルテレビ事業者，電気通信事業者，地上波テレビ放送事業者の間でスマートモバイルデバイス・ユーザをめぐる競争が激化している韓国では，2013年頃からアプリによるリアルタイムでの地域情報番組の提供によってコンテンツ面での差別化を図る取り組みがケーブルテレビ事業者の期待を集めている[5]。また，韓国ケーブルテレビ協会も業界指針として地域向けサービスの強化を目指す「ワンケーブル戦略」（2016年）や「ケーブルビジョン4.0」（2018年）を発表している[6]。

地域向けサービスによって競合者との差別化を図るという回帰的で興味深い事例ではあるが，成功したビジネスモデルはまだ確認されておらず，今後の動向を注視する必要がある。

3 今後の研究課題

本書では，日本，韓国，台湾におけるケーブルテレビ事業者の社会的役割がそれぞれどのように生成・発展・変容・消滅・転換してきたのかを政府企業間関係論アプローチを用いて比較分析し，ケーブルテレビ事業者の社会的役割が各地域や各時代の政府企業間関係を反映する非恒常的なものであること，そして日本のケーブルテレビ研究の暗黙的な前提となっている「ケーブルテレビ＝地域メディア」という固定化された図式が必ずしもケーブルテレビ事業者の在り方を正しく表現しきれていないことを明らかにした。

しかしながら，本書には残された研究課題も存在している。第１に，いわゆる事例研究の限界がある。本書では，日本のケーブルテレビ事業者が地域メディアとして残存可能だったのは政府企業間関係が密接で，財政面における支援措置や官民連携事業が多く実施されたためであるとの結論に至ったが，ケーブルテレビ事業の地域性と政府企業間関係の因果関係の強さを立証するためには，より多くの事例を取り上げる必要がある。

たとえば，欧州のケーブルテレビ大国であるドイツでは，ケーブル網が国家プロジェクトとして全国に敷設され，その後はケーブル網を国家所有部分と民間所有部分に分割して活用するという独特の官民連携モデルが構築されているほか，「地域性の尊重」や「地域経済への貢献」を番組評価基準とするなど，ケーブルテレビ事業者の地域性を重視する番組内容規制が設けられている。今後はドイツをはじめ，国際比較分析の対象を増やし，政府企業間関係がケーブルテレビ事業者の地域性，ひいては社会的役割に与える影響について反復的に検証を重ねていきたい。

第２に，本書では政治的要因がケーブルテレビ事業者の社会的役割の構築に与える影響については十分な検討を行うことができなかった。具体的には，日本，韓国，台湾におけるケーブルテレビ業界団体と政府との政治的利害関係，韓国における大統領交代に伴うメディア政策の転換の背景にある政治的勢力の構図，台湾におけるケーブルテレビ法制度の整備遅延の原因の１つである中国国民党と民主進歩党の政治的相克などが本書で積み残した点として挙げられる。これらの点を分析対象に含めることで，ケーブルテレビのよりダイナミックな歴史を紐解くことが可能になるだろう。

●注

1 McLuhan & Fiore［1967］.
2 財務省［2017］「国及び地方の長期債務残高」。財務省［2018］「債務残高の国際比較（対GDP比）」。
3 木村・関根・行木［2015］27-30頁。
4 2014年１月時点でのパソコンからのインターネット動画視聴者数は2,888万で，スマートフォンからの視聴者数は2,866万だったが，2014年３月にそれが逆転し，2015年１月にはパソコンからの視聴者数が2,682万に減少，スマートフォンからの視聴者数は3,701万と大幅に増加した（Nielsen［2015］）。
5 Business Korea［2013］.
6 The Korea Times［2016］. 韓国ケーブルテレビ協会［2018］。

参考文献

【日本語文献】

秋元春朝［1975］「韓国の放送」『神戸大学教育学部研究集録』第53巻，27-32頁。
浅岡隆裕［2007］「地域メディアの新しいかたち」田村紀雄・白水繁彦編著『現代地域メディア論』日本評論社，17-34頁。
池内秀己［2008］「企業観と企業変容」『経営学論集』第18巻第３号，１-19頁。
石垣直［2007］「現代台湾の多文化主義と先住権の行方―〈原住民族〉による土地をめぐる権利回復運動の事例から」『日本台湾学会報』第９号，197-216頁。
磯本典章［2002］「有線テレビジョン放送法における施設設置の許可基準に関する分析：東京高裁平成11年１月25日判決を素材として」『メディア・コミュニケーション：慶應義塾大学メディア・コミュニケーション研究所紀要』第52号，141-156頁。
猪股英紀［1999］「台湾のメディア基盤：“奇跡”の発展の背景」『放送研究と調査』第49巻10号，14-23頁。
岩佐淳一［2007］「ケーブルテレビにみられるビジネス化―MSOをどのように考えるか」田村紀雄・白水繁彦編著『現代地域メディア論』日本評論社，101-117頁。
上原伸元・菅谷実・高田義久・米谷南海・藤田宜治［2012］「地域におけるメディア・ネットワーク・サービス及び地域情報の利用動向に関する分析：ウェブ・アンケート調査（2011年２月）の報告を中心に」『メディア・コミュニケーション：慶應義塾大学メディア・コミュニケーション研究所紀要』第62号，189-203頁。
江副憲昭［2002］「ネットワーク産業の課題」『西南學院大學經濟學論集』第37巻第３号，１-28頁。
NHK放送文化研究所［編］［2018］『NHKデータブック 世界の放送2018』NHK出版。
大石裕［1992］『地域情報化―理論と政策』世界思想社。
大杉卓三［2011］「地方ケーブルテレビの自主放送番組制作における課題の研究―大分県のケーブルテレビの事例より」『社会情報学研究』第15巻第２号，57-66頁。
太田静樹［1979a］「CATVにおける公共性と住民参加について」『奈良教育大学紀要 人文・社会科学』第28巻第１号，169-179頁。
太田静樹［1979b］「CATVにおける住民参加について」『放送教育研究』第９号，１-12頁。
大谷奈緒子［2012］「デジタル時代のケーブルテレビ」『東洋大学社会学部紀要』第50巻第１号，37-50頁。
大橋弘［2014］「ネットワーク産業における産業組織論：概説」『運輸と経済』第74巻第１号，18-24頁。
奥野正寛・関口格［1996］「政府と企業」青木昌彦・奥野正寛編著『経済システム

の比較制度分析』，247-268頁。
何義麟［1999］「『国語』の転換をめぐる台湾人エスニシティの政治化―戦後台湾における言語紛争の一考察」『日本台湾学会報』創刊号，92-107頁。
加藤晴明［2015］「地域メディア論を再考する―<地域と文化>のメディア社会学のために：その３―」『中央大学現代社会学部紀要』第９巻第１号，67-114頁。
河合洋尚［2012］「『民系』から『族群』へ：1990年代以降の客家研究におけるパラダイム転換」『華僑華人研究』第９巻，138-148頁。
川竹和夫［1995］「国際的側面から見た韓国のテレビ界：その変化の方向」『情報通信学会誌』第13巻３号，29-45頁。
川本勝［1983］「地域メディアの機能と展開」田村紀雄［編著］『地域メディア：ニューメディアのインパクト』日本評論社，119-195頁。
木村義子・関根智江・行木麻衣［2015］「テレビ視聴とメディア利用の現在―『日本人とテレビ2015』調査から―」『放送研究と調査』第65巻第８号，18-47頁。
清原慶子［1989］「地域メディアの機能と展開」竹内郁郎・田村紀雄［編著］［1989］『新版・地域メディア』日本評論社，37-55頁。
金美林［2014］「韓国における地上テレビとケーブルテレビ」菅谷実［編著］『地域メディア力―日本とアジアのデジタル・ネットワーク形成』，東京：中央経済社，141-161頁。
黄紹恒［1999］「経済発展と企業のイノベーション：台湾のIC産業とケーブル・テレビ産業に関するケース・スタディ」『ビジネスレビュー』第46巻３号，35-51頁。
後藤和彦［1987］「Ⅵ ニューメディア状況」『現代メディア論』新曜社，153-191頁。
佐伯千種［2014］「日本における地域メディアとしての放送系メディア」菅谷実編著『地域メディア力―日本とアジアのデジタル・ネットワーク形成』中央経済社，118-140頁。
坂田義教［1976］「CATVの生成と発展」『新聞学評論』第25巻，90-108頁。
櫻井克彦［1986］「『企業と社会』論についての一考察」『経営と経済』第66巻第３号，171-181頁。
CATVの将来イメージに関する調査研究会編［1992］『CATVの将来イメージに関する調査研究会報告書』。
塩見英治［2006］『米国航空政策の研究―規制政策と規制緩和の展開』文眞堂。
塩見英治［2009］「米国による航空規制緩和・オープンスカイの展開と競争政策―国内市場と国債市場への影響と帰結」『季刊経済理論』第46巻第２号，６-16頁。
柴田厚［2016］「NHK文研フォーラム2016シンポジウム：OTTはメディア産業をどう変えるか：欧米最新事情，そして『グローバル戦略』について考える」『放送研究と調査』第66巻第６号，２-17頁。
周兆良［1998］「台湾におけるテレビ放送の多チャンネル化，国際化の進展」『マス・コミュニケーション研究』第53号，125-136頁。

生活映像情報システム開発協会生活情報システム開発本部業務部［編］［1978］『多摩CCIS実験報告書』生活映像情報システム開発協会生活情報システム開発本部。
総務省［2002］『2010年代のケーブルテレビの在り方に関する研究会報告書』。
総務省［2007］『2010年代のケーブルテレビの在り方に関する研究会』。
総務省［2017］『ケーブルビジョン2020+ ～地域とともに未来を拓く宝箱～』。
総務庁行政監察局［1997］『地域情報化推進施策の総合性の確保に関する調査結果報告書』総務庁。
台湾総督府［編］［1935］『台湾社会教育概要』台湾総督府。
高巌［2003］「企業の社会的責任（CSR）と企業の役割」高巌・Davis Scott Trevor・久保田政一・瀬尾隆史・辻義信『企業の社会的責任：求められる新たな経営観』日本規格協会。
高橋望［1999］『米国航空規制緩和をめぐる諸議論の展開』白桃書房。
竹内郁郎［1989］「地域メディアの社会理論」竹内郁郎・田村紀雄［編著］『新版・地域メディア』日本評論社，3-16頁。
田中雅章・落合嗣博［2002］「CATVブロードバンド網を活用したPTA連絡網の取り組み」『第39回情報科学技術研究集会予稿集』，119-122頁。
玉置直司［2009］「韓国における放送法改正の意義」『アジア・日本研究センター紀要』第５号，59-72頁。
田村紀雄［1983］「文献と資料のてびき」田村紀雄［編著］『地域メディア：ニューメディアのインパクト』日本評論社，217-234頁。
張茂桂［2010］「台湾における多文化主義政治と運動」若林正丈編『ポスト民主化期の台湾政治―陳水扁政権の８年―』，123-167頁，アジア経済研究所。
テレケーブル新聞社［2011］『衛星&ケーブルテレビ』第44巻第１-12号。
テレケーブル新聞社［2012］『衛星&ケーブルテレビ』第45巻第１-12号。
テレケーブル新聞社［2013］『衛星&ケーブルテレビ』第46巻第１-12号。
テレケーブル新聞社［2014］『衛星&ケーブルテレビ』第47巻第１-12号。
テレケーブル新聞社［2015］『衛星&ケーブルテレビ』第48巻第１-12号。
テレケーブル新聞社［2016］『衛星&ケーブルテレビ』第49巻第１-12号。
テレケーブル新聞社［2017］『衛星&ケーブルテレビ』第50巻第１-12号。
テレケーブル新聞社［2018］『衛星&ケーブルテレビ』第51巻第１号。
電通総研編［2013］『情報メディア白書 2013』ダイヤモンド社。
電通総研編［2018］『情報メディア白書 2018』ダイヤモンド社。
日本ケーブルテレビ連盟25周年記念誌編集委員会編［2005］『日本のケーブルテレビ発展史』日本ケーブルテレビ連盟。
日本新聞協会［1969］「No.２ 日本における有線テレビの現状」『有線放送問題研究資料』。
日本放送協会［1968］『NHKとその経営』日本放送出版協会。

野村総合研究所ICT・メディア産業コンサルティング部［2011］『ITナビゲーター2011年版』東洋経済新報社。
野村総合研究所ICT・メディア産業コンサルティング部［2012］『ITナビゲーター2012年版』東洋経済新報社。
野村総合研究所ICT・メディア産業コンサルティング部［2013］『ITナビゲーター2013年版』東洋経済新報社。
野村総合研究所ICT・メディア産業コンサルティング部［2014］『ITナビゲーター2014年版』東洋経済新報社。
野村総合研究所ICT・メディア産業コンサルティング部［2015］『ITナビゲーター2015年版』東洋経済新報社。
野村総合研究所ICT・メディア産業コンサルティング部［2016］『ITナビゲーター2016年版』東洋経済新報社。
野村総合研究所ICT・メディア産業コンサルティング部［2017］『ITナビゲーター2017年版』東洋経済新報社。
野村総合研究所ICT・メディア産業コンサルティング部［2018］『ITナビゲーター2018年版』東洋経済新報社。
芳賀マーシャ碧・正林由以子［2012］「企業経営 ケーブルテレビ業界の現状と他事業者とのアライアンスによる事業展開」『Best value』第28号，20-23頁。
橋本秀一［1998］「韓国・台湾における放送政策の変化」『情報通信学会誌』第15巻第３号，57-67頁。
橋本秀一［1999］「自立を促す韓国の放送政策」『放送研究と調査』第49巻３号，３-８頁。
長谷川通［1997］『エアライン・エコノミクス―航空運賃の規制・競争・戦略』中央書院。
服部弘・原由美子［1997］「多チャンネル化の中のテレビと視聴者―台湾ケーブルテレビの場合」『放送研究と調査』第47巻２号，22-37頁。
林敏彦［1994］『講座・公的規制と産業 第三巻 電気通信』NTT出版。
平塚千尋・金沢寛太郎［1996］「コミュニティメディアとしてのCATV―米子・中海（ちゅうかい）テレビにおけるパブリックアクセス・チャンネル」『放送研究と調査』第46巻第12号，22-33頁。
平塚千尋［2009a］「多元的な社会，多元的な放送―台湾における放送の歴史と現状―」『立正大学文学部論叢』第129号，1-29頁。
平塚千尋［2009b］，「多元社会・台湾における放送と市民」『立命館産業社會論集』第45巻１号，117-127頁。
ヒューマンレポート［2013］「韓国放送史」『ヒューマンレポート』特別号，28-49頁。
黄盛彬［1998］「東アジア地域における放送環境の変容―放送のグローバル化と国家放送政策：日本，韓国，台湾，中国を事例に」立教大学博士論文。

深津真二・引地孝文・伊藤康之［2010］「コンテンツ配信事業者から見たIPTVへの期待」『電子情報通信学会 通信ソサイエティマガジン』第14号，51-57頁。

藤本理弘［2009］「地域情報化政策の系譜（前編）」『地域政策研究』第12巻第３号，61-80頁。

藤本理弘［2010］「地域情報化政策の系譜（後編）」『地域政策研究』第12巻第４号，137-156号。

放送ジャーナル社編集部［2018］「特集 日本のケーブルテレビ2018《本誌第56弾調査》総接続世帯数2,628万，多ch世帯は760万」『月刊放送ジャーナル』第48巻第６号，放送ジャーナル社。

松浦尊麿［1996］「双方向CATVを活用した在宅療養支援システムの構築と運用評価」『日本農村医学会雑誌』第44巻第５号，689-696頁。

松平恒［1978］「多摩CCIS実験プロジェクトの概要」『テレビジョン学会誌』第32巻第６号，480-485頁。

松本憲始［2012］「ケーブルテレビを“舞台”とした住民のメディア活動の現状と展望：局側の視点から」『山口福祉文化大学研究紀要』第４巻，43-56頁。

満州電信電話株式会社［編］［1997］『満州放送年鑑』緑蔭書房。

三戸浩・池内秀己・勝部信夫［2011］『企業論 第３版』有斐閣。

美ノ谷和成［1973］「Wired City（有線連結都市）構想」『立正大学人文科学研究所年報』第10号，10-28頁。

美ノ谷和成［1998］「有線テレビの発展と産業組織の構造」『立正大学人文科学研究所年報』第35号，45-79頁。

宮川満［2006］「『グローバル化』と企業の社会的役割について―企業－政府関係を中心に―」『立正経営論集』第38巻第２号，87-108頁。

宮本節子・古川典子［2008］「地域アイデンティティの形成に果たすケーブルテレビの役割：市町村合併に伴う『ウチ』意識の変容に着目して」『兵庫県立大学環境人間学部研究報告』第10号，131-144頁。

村中洋介［2016］「わが国における地方自治制度の歴史」『法学会雑誌』第56巻２号，393-414頁。

村山優子・迫田肇・戸田剛就・森垣利彦［1996］「双方向CATVを利用した大学と地域社会の相互接続実験」『情報処理学会研究報告マルチメディア通信と分散処理（DPS）』，1-6頁。

山形勝義［2016］「台湾における六大都市への変遷―戦後台湾における地方自治制度と行政院直轄市を中心として―」『アジア文化研究所研究年報』第50号，103（244）-92（255）頁。

山田晴通［1988］「『村のニューメディア』農村型CATV」『地理』第33巻第11号，40-48頁。

山田晴通［1989］「CATV事業の存立基盤」『松商短大論叢』第37巻，3-68頁。

山本久美子［2001］「経営政策論による企業の社会的目的への接近—現代企業社会と経営政策についての一考察—」『三田商学研究』第44巻第2号，75-92頁。
郵政省21世紀に向けた通信・放送の融合に関する懇談会［1996］『融合メディアの新時代』読売新聞社。
米谷南海・三澤かおり［2016］「米国，韓国，台湾における有料放送市場動向」『ICT World Review』第9巻3号，2-9頁。
依田高典［2001］『ネットワーク・エコノミクス』日本評論社。
李金銓［1998］「政治的統制，テクノロジーおよび文化的諸問題—台湾におけるケーブルテレビ政策—」『放送学研究』第48巻，227-259頁。
林怡蓉［2008］「台湾—なぜ非営利放送が求められるか—」松浦さと子・小山帥人［編著］『非営利放送とは何か—市民が創るメディア—』191-211頁。
臨時行政改革推進審議会［1992］「国際化対応・国民生活重視の行政改革に関する第3次答申—平成4年6月19日（資料）」地方自治制度研究会編『地方自治』第536号，66-96頁。
羅慧雯［2005］「台湾におけるケーブルテレビ産業の展開とメディア改造運動」『現代台湾研究』第29巻，75-90頁。
若林芳樹［1988］「都市におけるCATVの展開過程」『地理』第33巻第11号，33-39頁。
若林正丈［2001］『台湾—変容し躊躇するアイデンティティ』筑摩書房。

【日本語オンライン文献】（最終閲覧日：2018年12月1日）
ICT総研［2015］『2015年 有料動画配信サービス利用動向に関する調査』。
［http://ictr.co.jp/report/20150925.html］
ICT総研［2016］『2016年 有料動画配信サービス利用動向に関する調査』。
［http://ictr.co.jp/report/20161111.html］
ICT総研［2017］『2017年 有料動画配信サービス利用動向に関する調査』。
［http://ictr.co.jp/report/20171213.html］
川村雅彦［2004］「日本の『企業の社会的責任』の系譜（その1）—CSRの変遷は企業改革の歴史—」『ニッセイ基礎研REPORT』。
［http://www.nli-research.co.jp/files/topics/36344_ext_18_0.pdf?site=nli］
経済同友会［2003］『第15回経済白書』。
［https://www.doyukai.or.jp/whitepaper/articles/no15.html］
厚生労働省［2012］『平成24年版厚生労働白書—社会保障を考える—』。
［http://www.mhlw.go.jp/wp/hakusyo/kousei/12/］
財務省［2017］「国及び地方の長期債務残高」。
［https://www.mof.go.jp/budget/fiscal_condition/basic_data/201704/index.html］
財務省［2018］「債務残高の国際比較（対GDP比）」。
［https://www.mof.go.jp/tax_policy/summary/condition/a02.htm］

Nielsen［2015］「YouTubeのスマートフォンからの利用者は3,000万人超―ニールセン，『ビデオ／映画』カテゴリの最新利用動向を発表―」。
［http://www.netratings.co.jp/news_release/2015/02/Newsrelease20150224.html］
日本ケーブルテレビ連盟［2017］『2017ケーブルテレビ業界レポート』。
［https://www.catv-jcta.jp/jcta/files/pdf/catv_report2017.pdf］
日本貿易振興機構［2011］『韓国のコンテンツ振興策と海外市場における直接効果・間接効果の分析』。
［https://www.jetro.go.jp/jfile/report/07000622/korea_contents_promotion.pdf］
ニューメディア開発協会（発行年不明）「Hi-OVISプロジェクトとは」。
［http://www.nmda.or.jp/nmda/nmda-hiovis.html］
総務省［編］［2001］『情報通信白書 平成13年版』。
［http://www.soumu.go.jp/johotsusintokei/whitepaper/h13.html］
総務省［編］［2008］『情報通信白書 平成20年版』。
［http://www.soumu.go.jp/johotsusintokei/whitepaper/h20.html］
総務省［編］［2011］『情報通信白書 平成23年版』。
［http://www.soumu.go.jp/johotsusintokei/whitepaper/h23.html］
総務省［編］［2016a］『情報通信白書 平成28年版』。
［http://www.soumu.go.jp/johotsusintokei/whitepaper/h28.html］
総務省［編］［2016b］『ケーブルテレビの現状と課題』。
［http://www.soumu.go.jp/main_content/000451548.pdf］
総務省［編］［2018］『ケーブルテレビの現状』。
［http://www.soumu.go.jp/main_content/000504511.pdf］
総務省情報流通行政局経済産業省大臣官房調査統計グループ［2018］『情報通信業基本調査結果 平成29年情報通信業基本調査（平成28年度実績）』。
［http://www.soumu.go.jp/johotsusintokei/statistics/data/jouhoutsuusin180327b.pdf］
山口広文［2009］「総論(1) 規制改革の経緯と調査の概要」国立国会図書館調査及び立法考査局『調査資料2008-6 経済分野における規制改革の影響と対策』，1-15頁。
［http://www.ndl.go.jp/jp/diet/publication/document/2009/200886.pdf］
郵政省［編］［1978］『通信白書 昭和53年版』。
［http://www.soumu.go.jp/johotsusintokei/whitepaper/s53.html］
郵政省［編］［1974］『通信白書 昭和48年版』。
［http://www.soumu.go.jp/johotsusintokei/whitepaper/s48.html］
郵政省［編］［1985］『通信白書 昭和60年版』。
［http://www.soumu.go.jp/johotsusintokei/whitepaper/s60.html］
郵政省［編］［1993］『通信白書 平成５年版』。

［http://www.soumu.go.jp/johotsusintokei/whitepaper/h05.html］

【英語文献】

Barnett, H.J., and Edward Greenberg［1967］*A Proposal for Wired City Television,* Santa Monica, Calif.: RAND.

Baumol, William J., John C. Panzar and Robert D. Willing［1982］*Contestable Markets and the Theory of Industrial Structure,* New York: Harcourt Brace Javanovich.

Baumol, William J., John C. Panzar and Robert D. Willing［1983］"Contestable Markets: An Uprising in the Theory of Industry Structure: Reply," *American Economic Review,* 73（3）, pp.491-496.

Baumol, William J. and Robert D. Willing［1996］"Contestability: Developments since the Book," *Oxford Economic Papers,* 38, pp. 9 -36.

Berle, Adolf A., and Gardiner C. Means［1932］*Modern corporation and private property,* New York: Harcourt, Brace & World.（北島忠男訳『近代株式会社と私有財産』文雅堂書店，1958年。）

Berle, Adolf A.［1959］*Power without property: a new development in American political economy,* New York: Harcourt, Brace.（加藤寛・関口操・丸尾直美訳『財産なき支配』論創社，1960年。）

Berle, Adolf A.［1963］*The American Economic Republic,* New York: Harcourt, Brace & World.（晴山英夫訳『財産と権力―アメリカ経済共和国』文眞堂，1980年。）

Besanko, David, David Dranove and Mark Shanley［2000］*Economics of Strategy 2nd Edition,* New York: John Wiley & Sons.（奥村昭博・大林厚臣訳『戦略の経済学』ダイヤモンド社，2002年。）

Buccholz, Rogene A. and Sandra B. Rosenthal［2004］Stakeholder Theory and Public Policy: How Governments Matter, *Journal of Business Ethics,* 51（2）, pp.143-153.

Chandler, Alfred D.［1962］*Strategy and Structure: chapters in the History of the Industrial Enterprise,* Cambridge: M.I.T. Press.（有賀裕子訳『組織は戦略に従う』ダイヤモンド社，2004年。）

Chandler, Alfred D.［1977］*The Visible Hand: The Managerial Revolution in American Business,* Cambridge, Mass.: Belknap Press.（鳥羽欽一郎・小林袈裟治訳『経営者の時代―アメリカ産業における近代企業の成立（上）（下)』東洋経済新報社，1979年。）

Dean, Joel［1951］*Managerial economics,* New York: Prentice-Hall.（田村市郎監訳『経営者のための経済学』関書院，1958年。）

Dempsey, Paul S. and Andrew R. Goetz [1992] *Airline deregulation and laissez-faire mythology,* Westport, Conn.: Quorum Books.（吉田邦郎・福井直祥・井手口哲生訳『規制緩和の神話―米国航空輸送産業の経験』日本評論社，1996年。）

Drucker, Peter F. [1942] *The Future of the Industrial Man,* New York: John Day Company.（上田惇生訳『産業人の未来』ダイヤモンド社，2008年。）

Drucker, Peter F. [1946] *Concept of the Corporation,* New York: John Day Company.（上田惇生訳『企業とは何か』ダイヤモンド社，2008年。）

Drucker, Peter F. [1950] *The New Society: the Anatomy of the Industrial Order,* New York: Harper.

Economides, Nicholas [2006] "Competition Policy in Network Industries: An Introduction," In: Jansen, D. W., ed., *The New Economy and Beyond Past, Present and Future,* pp. 96-121., New York: Edward Elgar Publishing.

Fairclough, Norman [1989] *Language and Power,* London; New York: Longman.

Freeman, R. Edward [1951] *Strategic management: a stakeholder approach,* Boston: Pitman.

Galbraith, John K. [1973] *Economics and the public purpose,* Boston: Houghton Mifflin.（久我豊雄訳『経済学と公共目的』講談社，1980年。）

Galbraith, John K. [1978] *The New Industrial State,* 3rd ed., Boston: Houghton Mifflin.（都留重人監訳『ガルブレイス著作集3 新しい産業国家』TBSブリタニカ，1980年。）

Kwak., Ki-Sung [1999] The Context of the Regulation of Television Broadcasting In East Asia, *Gazette* Vol.61 No.3-4, pp.255-273.

Lange, Matthew [2012] *Comparative-Historical Methods,* London: SAGE Publications.

Liu, Yu-Li [1994] The Development of Cable Television in China and Taiwan, *Jurnal Komunikasi* (10), pp.137-156.

Liu, Yu-Li [2014] Reconsidering the Telecommunication and Media Regulatory Framework in Taiwan: Using the Newly Emerging Media as Examples In Liu, Yu-Li and Robert G. Picard [Ed.], *Policy and Marketing Strategies for Digital Media.* London: Routledge.

Morrison, Steven A. and Clifford Winston [1995] *The Evolution of the Airline Industry,* Washington, DC: The Brookings Institution.

Peterson, Barbara S. and James Glab [1994] *Rapid Descent: Deregulation and the Shakeout in the Airlines,* New York: Simon and Schuster.

Rice, Ronald E. [1984] *The New Media–Communication, Research and Technology,* Beverly Hills, CA: Sage Publication.

Schejter, Amit and Sahangshik Lee［2007］The Evolution of Cable Regulatory Policies and Their Impact: A Comparison of South Korea and Israel, *Journal of Media Economics* Vol. 20 No. 1 , pp. 1 -28.

Sen, Amartya［1985］*Commodities and capabilities,* Amsterdam, New York: North-Holland; New York, N.Y., U.S.A.: Sole distributors for the U.S.A. and Canada, Elsevier Science Pub.（鈴村興太郎訳『福祉の経済学：財と潜在能力』岩波書店，1988年。）

Sen, Amartya［2009］*The idea of justice,* Cambridge, Mass.: Belknap Press of Harvard University Press.（池本幸生訳『正義のアイデア』明石書店，2011年。）

Sutton, Francis X., Seymour E. Harris, Carl Kaysen and James Tobin［1956］*The American Business Creed,* Cambridge, Mass.: Harvard University Press.（高田馨監修『アメリカの経営理念』日本生産性本部，1968年。）

Toffler, Alvin［1980］*The third wave,* New York: Morrow.（鈴木健次・桜井元雄他訳『第三の波』NHK出版，1980年。）

Wodak, Ruth［1989］*Language, Power and Ideology,* Amsterdam; Philadelphia: J. Benjamins Pub. Co.

【英語オンライン文献】（最終閲覧日：2018年12月１日）

Akamai［2017］*Q1 2017 State of the Internet / Connectivity Report.*
［https://www.akamai.com/uk/en/about/our-thinking/state-of-the-internet-report/global-state-of-the-internet-connectivity-reports.jsp］

Business Korea［2013］*Competition for Attracting Mobile Viewers Getting Fiercer among Cable, Telecom, Terrestrial Network.*
［http://www.businesskorea.co.kr/news/articleView.html?idxno=940］

European Commission［publication year unknown］Corporate Social Responsibility（CSR）.
［http://ec.europa.eu/growth/industry/corporate-social-responsibility_en］

Hsu, Wen-yi, Yu-li Liu, and Yan-Long Chen［2015］*The Impact of Newly-Emerging Media on the Cable TV Industry.*
［http://www.ncc.gov.tw/chinese/files/16010/3359_32658_160107_2.pdf］

Huang, Ching-Lung［2009］The Changing Roles of the Media in Taiwan's Democratization Process, *CNAPS Visiting Fellow Working Paper.*
［https://www.brookings.edu/wp-content/uploads/2016/06/07_taiwan_huang.pdf］

ITU［publication year unknown］*Country ICT Data: Percentage of Individuals using the Internet.*

[https://www.itu.int/en/ITU-D/Statistics/Pages/stat/default.aspx]

Jeong, Hyeon-Seon, Jung-Im Ahn, Ki-tai Kim, Gyongran Jeon, YounHa Cho and Yang-Eun Kim [2009] History, Policy, and Practices of Media Education in South Korea, In Frau-Meigs, Divina and Jordi Torrent [Ed.], *Mapping Media Education Policies in the World: Visions, Programmes and Challenges* (pp. 111-125).
[http://unesdoc.unesco.org/images/0018/001819/181917e.pdf]

Kim, Daeyoung [2011] The Development of South Korean Cable Television and Issues of Localism, Competition, and Diversity, *Southern Illinois University Carbondale Open SIUC Research Papers.*
[http://opensiuc.lib.siu.edu/gs_rp/78/]

Lin, Yi-Hsin [2003] *Restructuring of Media Policy: Foreign Ownership Policy of Broadcast Media in East Asia in the 1990s.*
[http://ccs.nccu.edu.tw/word/HISTORY_PAPER_FILES/264_1.pdf]

MyEGov [2017] *People.*
[https://www.taiwan.gov.tw/content_2.php]

Netflix [2018] *Netflix Third Quarter 2018 Earnings Interview.*
[https://ir.netflix.com/investor-news-and-events/investor-events/event-details/2018/Netflix-Third-Quarter-2018-Earnings-Interview/default.aspx]

Ovum Consulting [2009] *Broadband Policy Development in the Republic of Korea: A Report for the Global Information and Communications Technologies Department of the World Bank.*
[http://www.infodev.org/infodev-files/resource/InfodevDocuments_934.pdf]

The Korea Times [2016] Cable firms call for tougher sanctions on product bundling.
[https://www.koreatimes.co.kr/www/news/tech/2016/10/133_215436.html]

【韓国語文献】

イ・サンシク [2002]「韓国ケーブルTV産業組織に関する研究」『放送研究』第55巻，285-310頁。(이상식 [2002]「한국 케이블TV산업 조직에 관한 연구」『방송연구』 제55권, pp.285-380.)

韓国放送70年史編纂委員会 [編著] [1997]『韓国放送70年史』。(한국방송70년사편찬위원회편저 [1997]『한국방송70년』.)

キム・グクチン，チュ・ジョンミン [1998]「総合有線放送と中継有線放送の競争構造と政争に関する研究―価格とサービスの分析を中心に ―」『放送研究』第47巻。(김국진, 주정민 [1998]「종합유선방송과 중계유선방송의 경쟁구조와 정쟁에 관한 연구―가격과 서비스 분석을 중심으로―」『방송연구』 제47권.)

クォン・オボム，キム・ボンチョル，チュ・ジヒョク，キム・キヒョン［2001］『ケーブルTVの広告媒体機能活性化方案に関する研究』，ソウル：韓国広告業協会。(권오범, 김봉철, 주지혁, 김기현［2001］『케이블TV의 광고매체 기능 활성화 방안에 관한 연구』서울：한국광고업협회.)

公報処［1996］『ケーブルTV白書』。(공보처［1996］『케이블 TV 백서』.)

シン・テソップ，キム・ゼヨン［2011］「ケーブルTV地域チャンネルの解説・論評禁止に関する一考察」『韓国言論情報学報』第56巻，117-131頁。(신태섭, 김재영［2011］「케이블 TV 지역 채널의 해설 · 논평 금지에 관한 일 고찰」『한국언론정보학보』제56권, pp.117-131.)

ジョ・ハンゼ［2003］『韓国放送の歴史と展望』坡州：ハンウルアカデミー。(조항제［2003］『한국 방송의 역사와 전망』파주：한울 아카데미.)

放送委員会［2000］『政策研究2000-4 有線放送事業の育成とメディア発展政策の研究』。(방송위원회［2000］『정책연구 2000-4 유선방송의 사업육성과 매체발전 정책 연구』.)

放送委員会［2006］「SOデジタル変換実態調査研究」。(방송위원회［2006］『SO 디지털 전환 실태 조사 연구』)

放送通信委員会［2011］「CATVなど国内有料放送のデジタル移行活性化方案」。(방송 통신위원회［2011］『CATV 등 국내 유료 방송의 디지털 전환 활성화 방안』.)

ナム・ジョンフン［2008］「地域メディアとしての中継有線放送（RO）の可能性に関する研究」『韓国デジタルコンテンツ学会論文誌』第9巻第2号，213-223頁。(남종훈［2008］「지역매체로서의 중계유선방송（RO）의 가능성에 대한 연구」『한국 디지털 콘텐츠 학회 논문지』제 9 권 제 2 호, pp. 213-223.)

ユン・サンギル［2011］「1960年代初頭における韓国有線ラジオ放送制度の成立と発展―広報部と逓信部との間の対立を中心に」『韓国放送官報』第25巻1号，159-204頁。(윤상길［2011］「1960년대초 한국 유선라디오 방송제도의 성립과 발전― 공보부와 체신부 간의 대립을 중심으로」『한국방송학보』제25권1호, pp.159-204.)

【韓国語オンライン文献】（最終閲覧日：2018年12月1日）

科学技術情報通信［2017］『総合有線放送事業者の現状』。(과학기술정보통신부［2017］『종합유선방송사업자 현황』.)
［https://www.msit.go.kr/web/msipContents/contentsView.do?cateId=mssw40b&artId=1355369］

科学技術情報通信部［2018a］『2017年下半期有料放送の加入者数と市場シェアを発表』。(과학기술정보통신부［2018］『2017년 하반기 유료방송 가입자 수 및 시장 점유율 발표』.)

[http://www.msit.go.kr/web/msipContents/contentsView.do?cateId=mssw311&artId=1382441]

科学技術情報通信部［2018b］『2018年上半期有料放送の加入者数と市場シェアを発表』。(과학기술정보통신부［2018］『2018년 상반기 유료방송 가입자 수 및 시장점유율 발표』.)
[http://www.korea.kr/common/download.do?fileId=186188458&tblKey=GMN]

韓国ケーブルテレビ協会［2018］『ケーブルTVの革新的未来へ！』。(한국케이블TV방송협회［2018］『케이블TV 혁신으로 미래로!』)
[http://www.kcta.or.kr/kcta_new/comm/htmlPage.do?H_MENU_CD=100204&L_MENU_CD=10020401&SITE_ID=KCTA&MENUON=Y&SEQ=16]

韓国情報通信政策研究院［2015］『総合有線放送の売上高推移の分析』。(한국 정보통신정책연구원［2015］『종합유선방송 매출 추이 분석』.)
[https://www.kisdi.re.kr/kisdi/common/premium?file=1%7C13993]

放送通信委員会［2015］『2015年 放送産業実態調査報告書』。(방송통신위원회［2015］『2015년 방송산업 실태조사 보고서』.)
[http://www.kisdi.re.kr/kisdi/fp/kr/board/listSingleBoard.do?cmd=listSingleBoard&sBoardId=BCAST_DB1]

放送通信委員会［2016a］『2016年 放送産業実態調査報告書』。(방송통신위원회［2016］『2016년 방송산업 실태조사 보고서』.)
[http://www.kisdi.re.kr/kisdi/fp/kr/board/listSingleBoard.do?cmd=listSingleBoard&sBoardId=BCAST_DB1]

放送通信委員会［2016b］『2016年度放送市場の競争状況の評価』。(방송통신위원회［2016］『2016년 방송시장 경쟁상황 평가』.)
[http://www.kcc.go.kr/user.do?boardId=1022&page=A02160000&dc=K00000001&boardSeq=44578&mode=view]

放送通信委員会［2017a］『2017 放送メディア利用形態調査』。(방송통신위원회［2017］『2017방송매체 이용행태 조사』.)
[http://www.kisdi.re.kr/kisdi/fp/kr/board/listSingleBoard.do?cmd=listSingleBoard&sBoardId=BCAST_DB3]

放送通信委員会［2017b］『2017年 放送産業実態調査報告書』。(방송통신위원회［2017］『2017년 방송산업 실태조사 보고서』.)
[http://www.kisdi.re.kr/kisdi/fp/kr/board/listSingleBoard.do?cmd=listSingleBoard&sBoardId=BCAST_DB1]

未来創造科学部［2017］『有料放送の加入者数と市場シェアの検証結果を発表』。(미래창조과학부［2017］『유료방송 가입자수 및 시장점유율 검증결과 발표』.)
[http://www.korea.kr/policy/pressReleaseView.do?newsId=156200641&call_

from=rsslink]

【中国語文献】

邱鈺婷［2006］「パック・ジャーナリズムにおけるテレビジャーナリストの生存方法と行き詰まり―ニュース速報を事例に」国立政治大学修士論文。（邱鈺婷［2006］「台灣電視記者一窩蜂新聞產製下的死結與活路―以重大社會事件報導為例」國立政治大學碩士論文.）

行政院新聞局［2003］『2003 ラジオ・テレビ白書』。（行政院新聞局［2003］『2003 廣播電視白皮書』.）

立法院［1984］『立法院広報第73巻第83期院会記録』。（立法院［1984］『立法院広報第七十三巻第八十三期院會記録』.）

立法院［1987］『立法院公報第76巻第31期院会記録』。（立法院［1987］『立法院公報第七十六巻第三十一期院會記録』.）

立法院［2013］『立法院公報第七十六巻第三十一期院會記録』。（立法院［2013］『立法院公報第七十六巻第三十一期院會記録』.）

【中国語オンライン文献】（最終閲覧日：2018年12月１日）

国家通信放送委員会（2018a）『2018年第1四半期のケーブルテレビ加入者数』。（國家通訊廣播委員会（2018a）『107年第1季有線廣播電視訂戶數』.）
［https://www.ncc.gov.tw/chinese/news_detail.aspx?site_content_sn=2989&cate=0&keyword=&is_history=0&pages=0&sn_f=39126］

国家通信放送委員会［2018b］『2017年12月ラジオ・テレビ免許事業者数』。（國家通訊廣播委員会［2018b］『106年12月廣播電視事業許可家數』.）
［https://www.ncc.gov.tw/chinese/news_detail.aspx?site_content_sn=2028&cate=0&keyword=&is_history=0&pages=0&sn_f=38817］

国家通信放送委員会（2018c）『プレスリリース 2018/11/23』。（國家通訊廣播委員会（2018c）『新聞稿 107/11/23』.）
［https://www.ncc.gov.tw/chinese/news_detail.aspx?site_content_sn=8&is_history=0&pages=0&sn_f=40719］

文化部［2018］『ケーブルラジオ・テレビ加入者数』。（文化部［2018］『有線廣播電視事業訂戶數』.）
［https://stat.moc.gov.tw/UploadFile/CulturalStatist/35%E6%9C%89%E7%B7%9A%E5%BB%A3%E6%92%AD%E9%9B%BB%E8%A6%96%E4%BA%8B%E6%A5%AD%E8%A8%82%E6%88%B6%E6%95%B8.pdf］

MAA台北市媒體服務代理商協會［2018］『2017 メディア白書』。（MAA台北市媒體服務代理商協會［2018］『2017媒體白皮書』.）
［https://maataipei.org/download/2017%E5%AA%92%E9%AB%94%E7%99%BD

%E7%9A%AE%E6%9B%B8/]
OVO［2016］『台湾OTTテレビ利用調査』。(OVO［2016］『台灣 OTT 電視使用行為調査』.)
［https://www.ovotv.com/blog/zh/2016/11/22/ottresearch］

【有料データベース】（最終閲覧日：2018年７月１日）

TeleGeography Research, *GlobalComms data.*
［https://www.telegeography.com/］

索　引

英　数

あ　行

か　行

さ　行

た 行

な 行

は　行

ま　行

や　行

ら　行

●著者紹介
米谷　南海（よねたに　なみ）
一般財団法人マルチメディア振興センター研究員，東京都市大学非常勤講師。
慶應義塾大学大学院政策・メディア研究科博士課程単位取得退学。博士（政策・メディア）。
専門はメディア産業論および情報政策論。
主要業績：『地域メディア力―日本とアジアのデジタル・ネットワーク形成』（共著，中央経済社，2014年）。
「スマートフォン時代におけるケーブルテレビ―よりインタラクティブな地域メディアを目指して」『Nextcom』（Vol.31, 2017年）。
「東アジアにおけるケーブルテレビ事業者の差別化戦略―政府企業間関係論的視座からの国際比較分析」『情報通信学会誌』（第34巻第1号，2016年）。

東アジアのケーブルテレビ
政府企業間関係から見る社会的役割の構築過程

2019年3月1日　第1版第1刷発行

著　者　米　谷　南　海
発行者　山　本　　継
発行所　㈱　中　央　経　済　社
発売元　㈱中央経済グループパブリッシング
〒101-0051　東京都千代田区神田神保町1-31-2
電話　03（3293）3371（編集代表）
03（3293）3381（営業代表）
http://www.chuokeizai.co.jp/
印刷／㈱　堀　内　印　刷　所
製本／誠　製　本　㈱

ISBN978-4-502-28911-8　C3034